대표저자 여상인

공동저자 강태종 · 강훈식 · 권혁순 · 박종석
박종욱 · 송화경 · 양효경 · 윤희숙
이대형 · 임희준 · 전화영 · 최원호

PREFACE

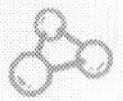

머리말

1981년에 노벨 화학상을 수상한 호프만은 화학이 무엇이냐는 질문에 "원자들이 일정한 규칙을 가지고 잠시 결합했다가 다시 갈라서는 물질에 관한 것이다"라고 대답하였다. 즉, 화학은 우리가 사는 세상을 구성하고 있는 물질을 다루는 학문이라고 할 수 있다. 따라서 화학으로 이루어진 세상에서 화학과 관련된 지식, 화학을 탐구하는 과정을 이해한다는 것은 화학을 전공으로 하지 않더라도 현재와 미래의 시민으로서 갖추어야 할 중요한 소양이라고 할 수 있다. 그동안 교양과목으로서 화학을 지도해 오면서 인문계열을 나온 학생은 화학을 포함한 과학 전반에 대한 이해가 부족하고, 자연계열을 나온 학생일지라도 대입수학능력시험에서 화학을 선택하지 않았다는 이유로 화학적 소양이 현저히 떨어지는 경우를 많이 봐 왔다. 다양한 배경지식을 가진 학생들을 대상으로 교양으로서의 화학을 지도하기 어려웠던 것도 사실이었다.

이번에 출판되는 "생활 속의 화학 탐구"는 화학의 기초가 튼튼하지 않거나 체계적으로 화학을 배운 적이 없는 대학생을 위하여 일상생활 속에서의 화학현상을 이해할 수 있는 기본적인 화학 지식의 습득과 화학이라는 학문을 탐구하는 과정기술을 익히는 데 중점을 두고 내용을 집필하였다. 특히, 화학에 대한 흥미와 호기심을 기르고, 이 강좌를 수강하는 의미를 느낄 수 있도록 생활 속의 소재를 중심으로 탐구를 하면서 화학에 대한 기본 개념과 원리를 이해할 수 있도록 내용을 구성하였다.

일반적인 교양화학서처럼 개념 중심으로 내용을 배열하지 않고 일상생활 속의 소재를 중심으로 배열을 한 관계로 화학 개념이나 원리를 체계적으로 이해하는 데는 조금 어색한 면이 없진 않을 것이다. 그러나 이 책이 일반화학 수준의 화학 지식의 습득에 있지 않고, 일반화학 실험서와 같은 탐구 과정 기술도 익히면서 동시에 관련

화학지식에 대한 이해를 하기 위한 의도가 있고, 일반화학 수준의 강의를 수강하기 전에 배우는 선수 강좌의 성격도 있기 때문이라는 점으로 이해해 주기 바란다. 좀더 많은 화학 지식을 습득하고 싶은 학생은 일반화학 개론서를 구해 공부하거나 일반화학 강좌를 수강하기 바란다.

끝으로 이 책의 출판을 약속하고도 원고를 빨리 드리지 못했지만 인내로 기다려 주시고 협조해주신 북스힐의 조승식 사장님, 김동준 상무님, 그리고 편집부 여러분께 진심으로 감사를 드립니다.

대표저자 여상인

CONTENTS

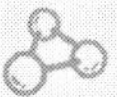

차 례

탐구 01 비누와 세제 ······ 1

탐구 02 드라이아이스의 과학 ······ 17

탐구 03 달걀의 과학: 기체의 과학 ······ 29

탐구 04 플라스틱의 과학 ······ 39

탐구 05 음식물의 열량 측정 ······ 49

탐구 06 핫 팩 만들기 ······ 59

탐구 07 전자레인지의 과학 ······ 71

탐구 08 분자 요리 ······ 85

탐구 09 천연염색 ······ 93

탐구 10 천연지시약 만들기 ······ 109

탐구 11 주스 속의 비타민 C 검출 ······ 119

탐구 12 금속의 산화 환원 ······ 127

탐구 13 과학 수사 ······ 135

탐구 14 MBL을 활용한 과학 활동(1): 온도 센서의 이용 ······ 145

탐구 15 MBL을 활용한 과학 활동(2): 압력 센서의 이용 ······ 157

■ 부록

부록 1. 일반적인 실험 기구 ········· 167

부록 2. 화학 실험의 안전 ········· 177

■ 참고문헌 ········· 183

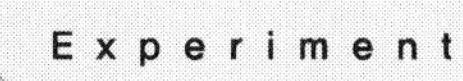

Experiment 01 비누와 세제

비누의 유래는 아주 오랜 옛날로 거슬러 올라간다. 거의 5000년 전에 바빌로니아 인들이 비누를 만들어 사용했던 것으로 전해진다. 페니키아인들과 고대 이집트인들 역시 비누를 제조했을지도 모르지만, 대부분의 역사학자들은 비누를 발명한 공로를 로마인들에게 돌리고 있으며, 적어도 로마인들이 비누제조법을 기록으로 후세에 남긴 것은 확실하다. 로마인들은 염소의 지방을 강염기를 포함하고 있는 잿물에 섞어 가열하면 비누가 만들어진다는 것을 알았다. 우리나라에서도 잿물을 이용하면 빨래가 잘 된다는 것을 알고 있었기 때문에 19세기 말 청나라와 일본을 통하여 전해진 서양의 비누를 양잿물이라고 불렀다.

이 활동에서는 어린 시절에 즐겁게 가지고 놀았던 비누에 관한 과학을 생각해 볼 것이다. 비누와 관련된 다양한 실험을 하면서, 왜 비눗물은 거품을 잘 만드는지, 비누방울이 왜 터지며, 오랫동안 터지지 않게 하려면 어떻게 해야 할까? 등에 대하여 알아본다. 또한 이 과정에서 비누와 글리세린의 역할, 비누와 세제의 성분과 기능 등에 대하여 생각해 보고, 사물을 관찰하는 능력을 기른다.

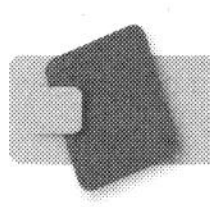

기본원리

1. 계면활성제

모든 세제는 비누와 마찬가지로 친수성 부분과 소수성 부분으로 구성되어 있다. 세제를 물에 녹이면 친수성 부분은 물과 가까이 하려고 하고, 소수성 부분은 물과 멀리 하려고 한다. 그림 1-1에서 볼 수 있는 것처럼 표면의 물 분자 사이에 위치한

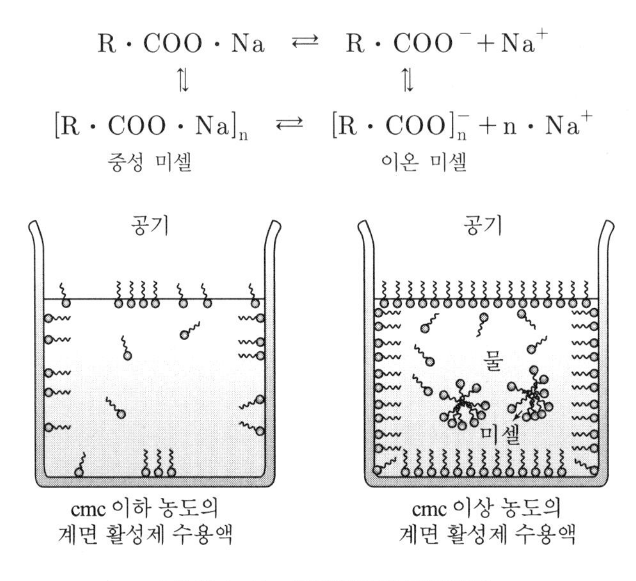

| 그림 1-1 | 세제분자의 표면효과

세제 분자는 친수성 부분은 물 속에 있고, 소수성 부분은 물 밖으로 나가 있는 형태로 존재한다. 이렇게 표면에 놓인 세제 분자는 물 분자 사이의 강한 인력을 방해하여 표면 장력을 낮추게 된다. 세제의 농도가 증가하면 물 내부에 미셀(micelle)이 형성되기 시작한다. 이때의 농도를 cmc(critical micelle concentration)라고 한다.

비누, 세제 등의 물질이 표면장력을 낮추는 것과 같이 표면의 성질을 크게 변화시키는 물질을 통틀어 계면을 활성화시키는 물질, 즉 계면활성제(surfactant)라 한다. 계면활성제 이외의 물질도 표면장력을 변화시킬 수 있으나, 계면활성제보다는 그 효과가 훨씬 떨어진다. 계면활성제는 아주 작은 양이라도 일정 농도까지는 표면에 많이 존재하므로 표면의 성질에 극적인 효과를 나타낼 수 있다. 예를 들어, 비누의 경우 0.1% 정도의 농도로 물의 표면장력을 70%나 감소시킬 수 있다. 반면에 계면활성제가 아닌 에탄올이나 수산화나트륨은 용액 전체에 균일하게 녹는다. 수산화나트륨의 경우는 작게나마 표면장력을 증가시킨다. 예를 들어 5%의 수산화나트륨 수용액의 표면장력은 6% 정도 높아진다.

계면활성제, 세제, 비누라는 3 가지 용어의 관계는 그림 1-2와 같다. 모든 계면활성제는 계면에서 작용한다. 몇 가지 계면활성제는 세척력이 좋아 세제로 이용되며, 그 중 긴 사슬의 카르복시산나트륨 또는 칼륨염을 비누라고 한다. 비누를 포함하여 분자의 꼬리에 해당하는 소수성 탄소사슬과 머리에 해당하는 친수성 이온으로 이루

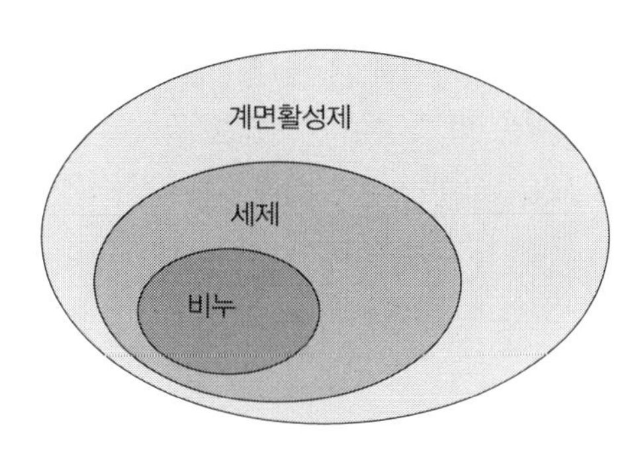

| 그림 1-2 | 비누, 세제, 계면활성제의 관계

어진 물질을 세제라고 한다.

계면활성제는 음이온계 계면활성제, 양이온계 계면활성제, 양성 계면활성제, 비이온성 계면활성제로 구분될 수도 있다.

(1) **음이온계 계면활성제**: 물속에서 해리될 때 음이온이 된다. 친수기로 카르복시산염, 술폰산염 또는 인산염 구조를 가진 것이 많다. 카르복시산염 계열로는 비누에 이용되는 지방산 나트륨이 있다. 또한, 술폰산염 계열로는 합성 세제에 많이 사용되는 알킬벤젠술폰산 나트륨 등이 있다. 음이온성 세제는 합성 세제의 대부분을 차지하며, 면, 비단, 양털과 같은 천연 섬유를 소재로 하여 물을 잘 흡수하는 천을 세탁하는 데에 특히 효과적이다.

예 $R-CO_2^-Na^+$ (비누, 지방산 나트륨)

$R-C_6H_4-SO_3^-Na^+$ (알킬벤젠술폰산 나트륨)

(2) **양이온계 계면활성제**: 이것은 물속에서 해리될 때 양이온이 된다. 친수기로 암모늄염을 포함하는 것이 많으며, 주로 대전방지제, 린스, 유연제 등에 이용된다. 또한, 방부 효과용 비누나 입안을 가시는 약에 이용되며, 일반적으로 음전기를 띠고 있는 천에 전기적으로 달라붙기 때문에 천을 부드럽게 하는 약품으로 사용된다.

예 $R-N^+(CH_3)_2-CH_3\ Cl^-$ $R-N^+C_5H_4-$ Cl^-

(3) **비이온성 계면활성제**: 친수부가 비전해질, 즉 이온화하지 않은 친수성 부분이 있는 것으로 알킬글리콜 같은 저분자 계열 또는 폴리에틸렌글리콜과 폴리비닐 알코올과 같은 고분자 계가 존재한다. 친수성 부분에 공유 결합을 이루고 있는 산소를 여러 개 가지고 있으며, 폴리에스터와 같은 합성섬유제품의 세탁에 아주 유용한다. 대부분의 비이온성 세제는 액체로서 거품을 잘 일으키지 않는다. 이 세제는 음이온성 세제와 혼합하여 식기 세척용 또는 세탁용 액체 세제를 제조한다.

(4) **양성 계면활성제**: 분자 내에 음이온 가능 부위와 양이온 가능 부위를 모두 가지고 있기 때문에, 용액의 pH에 따라 양이온 혹은 음이온이 된다. 주로 화장품에 사용된다.

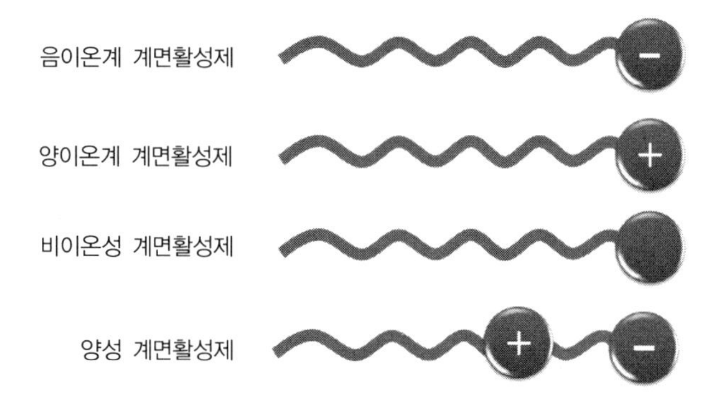

| 그림 1-3 | 계면활성제의 종류

2. 비누

세제(detergent)라는 용어는 '씻는다' 또는 '깨끗하게 한다'라는 뜻을 가진 라틴어에서 유래하였다. 세제란 깨끗하게 하는 물질, 특히 기름 등의 때를 제거하는 능력을 가진 물질을 뜻한다. 세제의 한 종류인 비누(soap)의 유래는 5000년 전의 바빌로니아에서 유래하여 로마를 거쳐 유럽으로 전해졌다.

비누라는 말은 주로 긴 사슬 카르복시산의 나트륨염 또는 칼륨염에 국한되어 사용된다. 비누는 에스테르에 NaOH나 KOH를 반응시켜 카르복시산염과 알코올을 생성하는 반응이다.

$$\underset{\text{(에스테르, 유지)}}{RCOOR'} + NaOH \longrightarrow \underset{\text{(비누)}}{RCOONa} + \underset{\text{(알코올)}}{R'OH}$$

다음은 대표적인 비누 분자인 팔미틴산나트륨의 구조이다.

$$CH_3CH_2CH_2CH_2CH_2CH_2CH_2CH_2CH_2CH_2CH_2CH_2CH_2CH_2CH_2CO_2^-Na^+$$

또는

$$CH_3(CH_2)_{14}-CO_2^-Na^+$$

팔미틴산나트륨, 비누

팔미틴산나트륨에서 보았듯이 비누 분자의 일반적인 구조는 다음과 같다.

$$\underbrace{CH_3(CH_2)_n}_{\text{알킬기}}-\underbrace{CO_2^-}_{\text{카르복시기}}Na^+$$

여기에서 n은 8~16 범위의 짝수이다.

비누 분자는 알킬기와 카르복시기를 가지고 있기 때문에 두 개의 서로 상반된 화학적 성질을 나타낸다. 알킬기의 긴 사슬은 석유와 같은 탄화수소의 긴 사슬과 같은 성질을 가지고 있기에 기름 성분과 같은 탄화수소 또는 그와 유사한 물질에는 쉽게 용해되지만 물에는 용해되지 않는다. 반면에 비누 분자의 다른 한쪽 끝인 카르복시기는 이온성으로 물에는 잘 녹지만 탄화수소에는 녹지 않는 성질을 가지고 있다.

3. 합성세제

여러 지역에서 사용되는 음용수에는 약산성의 빗물이 토양에 스며들어 용해시킨 무기질을 포함하고 있다. 칼슘염과 마그네슘염 또는 철분이 풍부한 물을 경수(센물)이라고 부른다. 센물에 포함된 무기 양이온들은 지방산 음이온과 결합하여 왁스 상태의 불용성염을 형성한다. 물의 경도가 매우 높은 지역에서는 이 같은 침전물이 욕조벽의 비누때를 회색고리처럼 엉켜 붙게 하거나 비누 세척 후 가라앉게 한다. 이 비누때는 비누에 포함된 지방산의 칼슘염, 마그네슘염 또는 철염으로 이루어진다.

경수에서는 어느 정도의 비누가 무기 양이온과 결합하여 용액에서 제거된 후에야 추가로 존재하는 비누가 세척 작용을 할 수 있다. 따라서 경수로 세척을 할 때에는 비누의 낭비를 초래한다. 또한 생성된 비누때가 세탁한 옷의 표면에 달라붙으면 천의 표면을 우중충하게 만든다.

경수를 연수화하는 대안으로 비누의 세척 작용을 방해하는 양이온들이 존재하여도 세척력이 떨어지지 않는 세제로 개발된 것이 합성 세제이다. 가장 대표적인 합성제세가 알킬벤젠술폰산염이다. 술폰산 음이온의 장점은 어떠한 형태의 염일지라도 물에 대한 용해도가 크다는 것이다.

준비물

재료 액체 세제(가루비누를 사용하거나 공업용 세무론도 가능)
100원짜리 동전, 에나멜선, 이쑤시게(또는 성냥), 티슈
철사(굵은 철사와 가는 철사 두 가지를 준비),
빨대(굵은 것), 자(30 cm), 글리세린(또는 꿀), 증류수
아크릴판(50 cm×50 cm×2 mm, 크기와 두께는 정확하지 않아도 됨)
수조, 니퍼, 눈금스포이트, 유성펜, 초시계

기구 비커(100, 250 mL), 눈금실린더(100 mL)

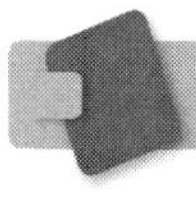

탐구활동

이 활동은 혼자 또는 2~3명이 한 팀을 이루어 게임 형태로 진행하며, 게임 규칙은 제공되거나 구성원의 합의에 의하여 정할 수 있다.

활동 1 물과 비눗물의 비교 (1)

(1) 100원짜리 동전 2개와 물, 비눗물을 준비한다.

(2) 스포이트를 이용하여 100원짜리 동전 위에 물을 한 방울씩 떨어뜨린다. 물이 동전에서 넘치지 않을 때까지의 방울 수를 센다.

(3) 다음으로 100원짜리 동전 위에 비눗물을 한 방울씩 떨어뜨린다. 비눗물이 동전에서 넘치지 않을 때까지의 방울 수를 센다.

(4) (2)~(3)단계의 활동을 2~3번 반복한다.

(5) 물과 비눗물을 떨어뜨렸을 때, 방울 수는 어떻게 차이가 있는가? 그 이유는 무엇인가?

활동 2 물과 비눗물의 비교 (2)

(1) 수조에 물을 반쯤 넣는다.

(2) 가는 에나멜선(또는 철사)과 이쑤시개를 이용하여 물에 뜰 수 있는 소금쟁이를 만들어 물에 띄워 보자.

- 이쑤시개를 몸통으로 하고, 가는 철사 2개로 각각 앞발과 뒷발을 만든다.
- 철사의 중간을 이쑤시개에 1~2번 감고 양쪽에 나온 철사를 잘 구부려서 발을 만든다.
- 바닥에 놓았을 때 2개의 발이 평면에 있도록 한다.

(3) 소금쟁이를 조심스럽게 물 위에 띄운다. 이 때 소금쟁이가 물에 잘 뜨지 않으면, 티슈를 소금쟁이 크기보다 약간 크게 자른 후, 이것을 물에 띄우고 그 위에 소금쟁이를 올려놓는다. 그리고 화장지를 살며시 눌러 물 속으로 가라앉게 한다.

▪ 만든 소금쟁이가 물에 떴는가? 소금쟁이가 물에 뜰 수 있는 이유는 무엇인가?

(4) 이 물에 스포이트를 이용하여 세제를 떨어뜨려 본다.

▪ 소금쟁이는 어떻게 되었는가? 그 이유를 설명해보자.

활동 3 비누방울의 막의 특징

(1) 주방용 액체 세제, 증류수, 글리세린을 이용하여 여러 종류의 비누방울액을 만든다.

(2) 만든 비누방울액을 이용하여 아크릴판에 비누방울을 만든다. 비누방울을 손가락으로 건드려 본다. 어떻게 되는가? 손가락에 비눗물을 묻혀 건드려 본다. 어떤 차이가 있는가?

(3) 아크릴판에 비누방울을 만들고 비누방울 표면을 관찰해 본다. (디지털카메라나 비디오를 이용하여 동영상을 촬영한 다음 주의 깊게 관찰하면 좋다.)

- 비누방울이 터지는 순간을 어떻게 예측할 수 있나?

활동 4 크고 오래가는 비누방울 만들기

(1) 활동 1에서 만든 비누방울액을 이용하여 그림과 같이 아크릴판에 반원 형태의 비누방울을 만든다.

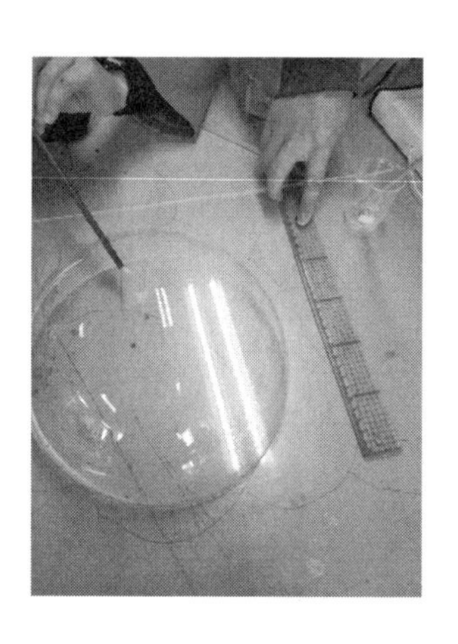

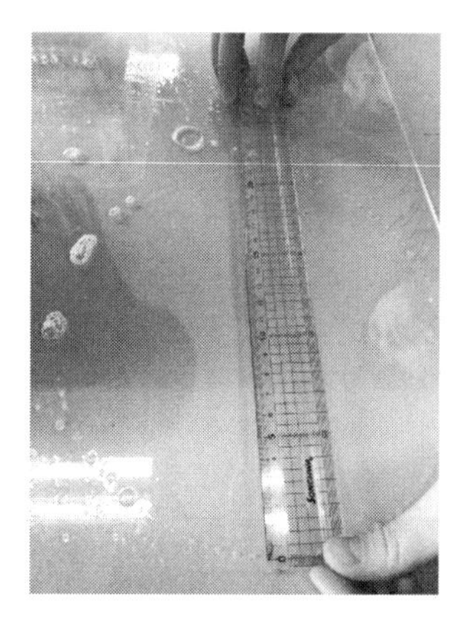

(2) 여러 가지 비누방울액 중 터지지 않고 오래가는 비누방울액의 조건을 찾는다. 비누방울의 지름은 20 cm 이상으로 하되, 크기가 일정한 상태에서 비교한다.

(3) 다음 공식의 A 값이 최대가 되도록, 크고 오래가는 비누방울을 만든다.

A = 비누방울의 크기(지름, cm)^2 × 터질 때까지 걸린 시간(초)

• 단, 비누방울의 지름은 20 cm 이상이어야 한다.

활동 5 비누막 층 쌓기

비누방울액과 빨대를 이용하여 그림처럼 아크릴판 위에 가능한 많은 비누막의 층을 만든다.

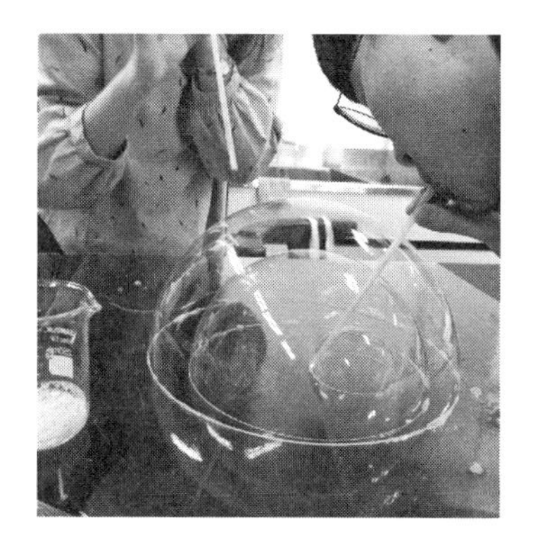

게임 규칙

• 그림처럼 비누막 층을 만든 것 중 비누막 층의 개수가 가장 많은 것을 그 팀의 B 값으로 한다.

B = 터지거나 합쳐지지 않은 상태에서 비누막 층이 가장 많이 생겼을 때의 비누막의 개수

활동 6 여러 가지 형태의 비누방울 막

철사, 빨대, 실을 이용하여 여러 가지 형태의 비누방울 막을 만들어 보자. 비

누방울 막의 종류를 C 값으로 한다.

게임 규칙

- 제공된 재료를 이용하여 가능한 많은 형태의 비누방울 막을 만들어 본다. 비누 방울 막의 개수를 C 값으로 한다. 단, 다른 팀이 만들지 않은 독특한 형태의 비누방울 막을 만든 경우 1개당 2점을 추가(α)한다.

C = 여러 형태의 비누방울 막의 종류 + α

활동 7 비누방울을 이용한 장치

(1) 비누방울 연출기 내부의 구조를 예상하여 그려보자. 그리고 실제 내부 구조를 확인하여 예상한 것과 비교하여 보자.

(2) 비누방울 연출기에는 어떤 과학적 원리가 이용되고 있는지 토의하여 보자.

(3) 비누방울을 이용하는 장치를 설계하여 그려보자.

(4) 내가 만든 장치의 이름을 지어보고 설명해 보자.

1. 가정에서 사용하는 합성 세제를 조사하여 각 합성 세제에 포함되어 있는 성분 물질의 종류와 기능에 대하여 조사해보자.

품명	의류용 합성세제
종류	약 알카리성
성분	직쇄알킬벤젠계, 고급알코올계(비이온) 지방산계(음이온), 알칼리제, 효소
용도	면, 마, 레이온, 폴리에스테르, 나일론, 아크릴용
실중량	1 kg

2. 표면장력 때문에 나타나는 현상을 예를 들어 설명해보자.

01 탐구활동보고서

비누와 세제

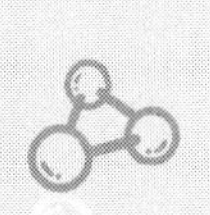

탐구 일시	
학 과	
학 번	
이 름	

활동 1 물과 비눗물의 비교 (1)

(1) 100원짜리 동전 위에 올라간 물과 비눗물의 방울 수 비교

종류	물	비눗물
1차		
2차		
3차		
평 균		

(2) 이러한 차이가 발생하는 이유를 설명해보자.

활동 2 물과 비눗물의 비교 (2)

(1) 만든 소금쟁이가 물에 떴는가? 소금쟁이가 물에 뜰 수 있는 이유는 무엇인가?

(2) 소금쟁이가 떠있는 물에 스포이트를 이용하여 세제를 떨어뜨렸을 때, 소금쟁이는 어떻게 되었는가?

■ 그 이유를 설명해보자.

활동 3 | 비누방울 막의 특징

(1) 우리가 만든 비누 방울액의 성분 비율

비누방울액	액체 세제	증류수	글리세린
1			
2			
3			

(2) 비누방울을 손가락으로 건드렸을 때와 비눗물을 묻혀 건드렸을 때의 차이점과 그 이유

- 어떤 차이가 있는가?

- 그 이유는?

(3) 비누방울막 표면을 관찰한 내용과 그 이유

(4) 비누방울이 터지는 순간을 어떻게 예측할 수 있나?

활동 4 크고 오래가는 비누방울

(1) 비누방울이 터지지 않고 오래가기 위한 비누방울액의 조건

비누방울액의 종류	횟수	비누방울의 지름 (cm)	터질 때까지 걸린 시간 (초)	A
1				
2				
3				

■ 결과 해석 :

(2) 아래 공식의 A 값이 최대가 되도록, 크고 오래가는 비누방울을 만들기

A = 비누방울의 크기(지름, cm)^2 × 터질 때까지 걸린 시간(초)

(단, 비누방울의 지름은 20 cm 이상)

비누방울액의 종류	횟수	비누방울의 지름 (cm)	터질 때까지 걸린 시간 (초)	A

〈절취선〉

활동 5 | 비누막 층 쌓기

■ 비누막 층의 개수 (B) =

활동 6 | 여러 가지 형태의 비누방울 막

■ C = 여러 형태의 비누방울 막의 종류 + α =

활동 7 | 비누방울을 이용한 장치

(1) 비누방울 연출기의 구조와 원리

(2) 비누방울을 이용한 나만의 장치

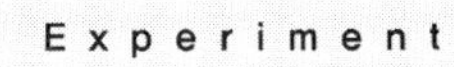

Experiment 2 드라이아이스의 과학

드라이아이스는 탄산음료의 톡 쏘는 맛을 내기 위하여 첨가하는 액화탄산가스를 고체화한 제품으로 우리 생활 주변에서 다양한 용도로 이용된다. 아이스크림 가게에서 포장한 아이스크림이 녹는 것을 막기 위해 드라이아이스를 사용하며, 마치 구름 위에 떠 있는 듯한 환상적인 무대 분위기를 연출하기 위해서 사용되는 물질도 드라이아이스이다.

이 탐구 활동에서는 드라이아이스로 인해 나타나는 현상을 관찰하고, 관찰된 현상을 설명할 수 있는 가설을 세우고, 이를 검증할 수 있는 탐구를 설계하고 수행한다. 또한 고체 이산화탄소가 기체로 변할 때 늘어나는 부피비를 결정하는 실험을 수행하면서 실험 오차를 유발하는 다양한 변인을 통제하는 것과 실험 결과의 재현성에 대하여 인식할 수 있도록 한다.

기본원리

1. 물질의 상태

우리 주변에 있는 많은 물질은 고체, 액체, 기체 중의 한 가지 상태로 존재하고 있지만, 온도나 압력이 달라지면 상태가 변한다. 그림 2-1과 같이 기체를 압축하거나 냉각시키면 분자들이 일정한 공간에서 분자들 사이의 인력에 의해 서로 묶여 있는 액체 상태가 되며, 액체를 계속해서 냉각시키면 분자들이 규칙적으로 배열하는 고체 상태가 된다. 반대로 고체를 가열하면 분자들의 배열과 운동이 불규칙한 액체 상태가 되며, 계속해서 액체를 가열하거나 압력을 낮추면 기체 상태가 된다. 이와 같이 물질의 상태는 압력과 온도에 의해 결정된다.

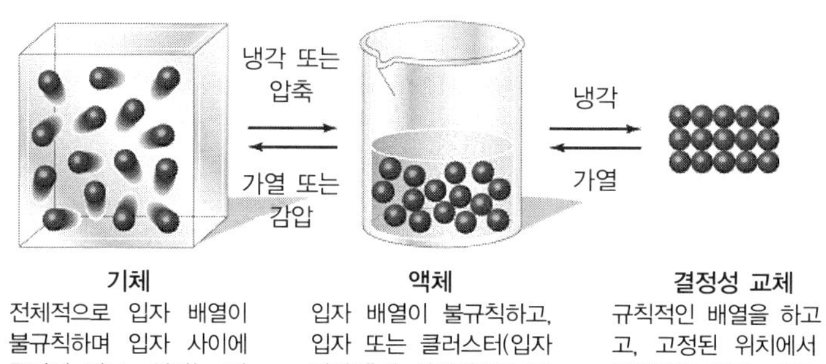

| 그림 2-1 | 압력과 열에 의한 물질의 상태 변화

2. 물질의 상평형

압력과 온도에 따른 물질의 상태를 나타낸 그림을 '상평형 그림'이라고 하며(그림 2-2), 상평형 그림은 물질에 따라 서로 다르다. 그림 2-3에 나타낸 물과 이산화탄소의 상평형 그림을 비교해보면 압력이 높을수록 물은 녹는점이 낮아지고, 이산화탄소는 높아진다. 액체, 고체, 기체가 함께 존재하는 삼중점은 물은 4.58 torr (0.00603 atm)로 1기압보다 낮고, 이산화탄소는 5.11 atm으로 1기압보다 높다. 따라서 1기압에서 고체인 얼음을 가열하면 액체 상태를 거쳐 기체가 되지만, 고체 이산화탄소인 드라이아이스를 가열하면 액체 상태를 거치지 않고 바로 기체로 승화된다.

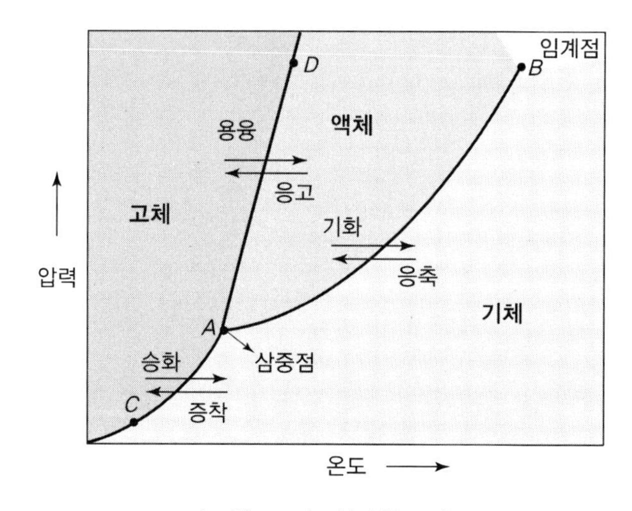

| 그림 2-2 | 상평형 그림

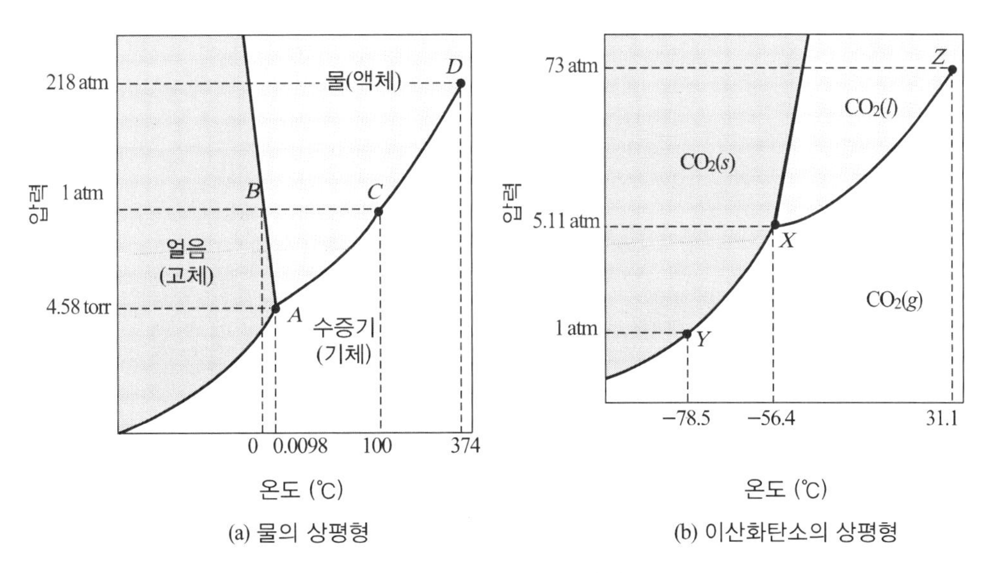

| 그림 2-3 | 물과 이산화탄소의 상평형 그림

준비물

재료 드라이아이스(20~30 kg드라이아이스를 8조각 또는 큐빅형)
염화코발트 종이, 양초, 풍선
공업용 에탄올, 쥬스
1회용 비닐장갑, 비눗방울액, 빨대, 줄자, 라이터, 드라이어
나무젓가락(또는 이쑤시게)

기구 온수 공급 장치(순간 온수 가열기)
저울(정밀도 0.1 g 정도 1대)
스포이트, 온도계(저온측정용)
망치와 송곳, 면장갑, 숟가락(쇠, 플라스틱 재질)
비커(500 mL 2개, 1 L 2개)
눈금 실린더(250 mL이상)
수조

탐구활동

활동 1 드라이아이스에 숟가락을 올려놓았을 때의 현상

(1) 드라이아이스에 여러 재질(쇠, 플라스틱)의 숟가락을 올려놓자.

- 어떤 변화의 차이를 관찰할 수 있는가? 그 이유는?

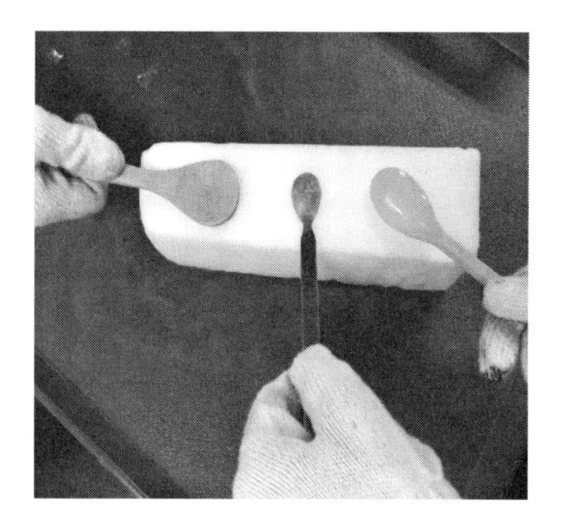

(2) 주변에 있는 여러 가지 기구나 도구를 이용하여 과정 (1)과 같이 활동해 보고, 쇠숟가락과 플라스틱 숟가락과 같은 변화를 보이는 물질로 분류해 보자.

활동 2 드라이아이스 위의 물방울

(1) 드라이아이스 위에 스포이트를 이용하여 물방울을 떨어뜨려 보자. 어떤 현상을 관찰할 수 있는가? 그 이유는?

활동 3 드라이아이스에서 발생하는 흰 연기의 정체

(1) 드라이아이스를 공기 중에 놓았을 때 표면에서 일어나는 변화를 관찰하

여 기록한다.

(2) 찬물과 뜨거운 물이 각각 반쯤 담겨 있는 비커에 (같은 크기의) 드라이아이스 덩어리를 넣고 변화를 비교, 관찰한다.

(3) 드라이아이스를 물에 넣었을 때 발생하는 흰 연기의 정체를 밝힐 수 있는 방법을 서로 토의하여 결정하고, 결정한 방법에 따라 흰 연기의 정체를 밝혀 본다.

(4) 드라이아이스를 물에 넣었을 때 발생하는 흰 연기를 이용하는 제품을 구상하여 알맞은 이름을 붙이고, 그 제품의 구조를 설계해 보자.

활동 4 드라이아이스 고체가 이산화탄소 기체로 변할 때 늘어나는 부피

(1) 드라이아이스가 기체 이산화탄소로 변할 때 늘어나는 부피비를 결정할 수 있는 실험을 설계한다. 여러 가지 가능한 방법을 설계한 후, 가장 좋다고 생각되는 방법을 선택한다.

(2) 실험 설계를 토대로 실험을 수행하고, 그 결과를 기록한다.

(3) 과정 (2)에서 사용한 여러 방법에 대하여 실험 결과에 영향을 주는 요인에 대하여 토의해 본다.

활동 5 둥둥 뜨는 비누방울

(1) 드라이아이스를 큰 수조에 넣고, 드라이아이스 위로 물을 조금 붓는다.

(2) (1)의 수조 위쪽에 비누방울을 불어 넣어보자. 어떤 현상을 관찰할 수 있는가? 그 이유는?

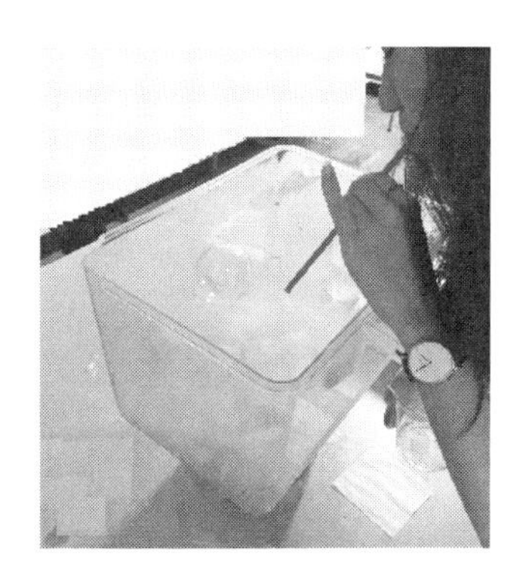

(3) 비누방울 1개를 빨대에 불어서 (1)의 수조 속에 서서히 넣었다 뺐다 해보자. 어떤 현상을 관찰할 수 있는가? 그 이유는?

활동 6 손가락 아이스크림

(1) 수조에 드라이아이스를 넣고, 여기에 공업용 에탄올을 드라이아이스가 잠길 정도로 붓는다.

(2) 온도가 충분히 낮아지면 일회용 비닐장갑의 손가락 부분에 주스를 넣고 나무젓가락(또는 이쑤시개)를 꽂아서 넣는다.

(3) 어떤 현상을 관찰할 수 있는가? 그 이유는?

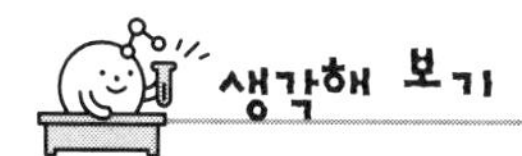

1. 다음의 물질은 고체, 액체, 기체 중 어떤 상태인가?

   물, 수증기, 얼음, 연기, 김, 안개, 구름, 고드름, 소금물

2. 드라이아이스를 액체 이산화탄소로 만들 수 있는 방법을 고안해 보자.

3. 드라이아이스를 만드는 방법을 조사해 보자.

4. 생활 속에서 드라이아이스의 성질을 이용하는 제품과 그 구조를 조사하고, 이용되는 원리를 설명해 보자.

02 탐구활동보고서

드라이아이스의 과학

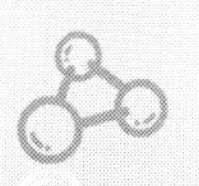

탐구 일시	
학 과	
학 번	
이 름	

활동 1 드라이아이스에 숟가락을 올려놓았을 때의 현상

(1) 드라이아이스에 여러 재질(쇠, 플라스틱)의 숟가락을 올려놓았을 때의 관찰한 내용

(2) 이유

활동 2 드라이아이스 위의 물방울

(1) 관찰한 현상

(2) 이유

〈절취선〉

활동 3 드라이아이스에서 발생하는 흰 연기의 정체

(1) 드라이아이스를 찬물, 더운물에 넣었을 때의 현상 비교

(2) 흰 연기의 정체를 밝힐 수 있는 방법과 탐구 수행 결과

(3) 드라이아이스를 물에 넣었을 때 발생하는 흰 연기를 이용하는 제품 구상

- 제품명

- 제품의 구조

활동 4 드라이아이스 고체가 이산화탄소 기체로 변할 때 늘어나는 부피

(1) 여러 가능한 실험 설계

	실험설계	장·단점
1		
2		
3		

(2) 우리 조가 선택한 방법

(3) 드라이아이스 고체가 이산화탄소 기체로 변할 때 늘어나는 부피는 드라이아이스 부피의 몇 배인가?

(4) 드라이아이스에서 기체 이산화탄소가 되면 이산화탄소 분자 사이의 평균 거리는 몇 배 증가하는가?

(5) 실험 결과에 영향을 주는 요인

〈절취선〉

활동 5 둥둥 뜨는 비누방울

(1) 수조 위쪽에 비누방울을 불어 넣었을 때 관찰한 현상과 이유

(2) 수조 속에 비누방울을 서서히 넣었다 뺐다 했을 때 관찰한 현상과 이유

활동 6 손가락아이스크림 만들기

(1) 관찰한 현상

(2) 이유

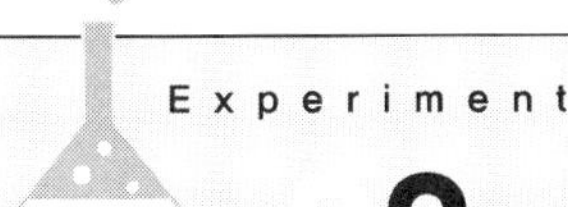

3 달걀의 과학: 기체의 과학

바람이 빠져 물렁물렁한 공을 뜨거운 물에 담그면 팽팽해지고, 냉장고에 플라스틱 음료수 병을 넣어 두면 플라스틱이 안으로 들어가 병의 부피가 줄어들거나, 주사기의 피스톤을 누르면 주사기 속의 공기 부피가 줄어드는 것은 기체의 온도나 압력이 변하면서 그 부피가 달라지기 때문에 나타나는 현상이다. 이와 같은 기체의 행동을 이해하는 데 도움을 주는 몇 가지 법칙이 있다. 샤를의 법칙에 의하면 압력이 변하지 않을 때 기체의 온도를 증가시키면 기체의 부피는 증가하고, 반대로 온도를 낮추면 부피는 줄어든다. 보일의 법칙에 의하면 온도가 일정할 때 기체의 압력을 증가시키면 부피가 줄어든다. 1703년 길라우메 아몬토즈(Guilaume Amontos)는 기체의 부피가 일정할 때 기체의 온도를 높이면 압력이 증가한다는 법칙을 발표하였다.

달걀은 우리 생활과 매우 친숙한 물질로 과자, 식빵, 마요네즈, 비빔밥, 김밥 등 일상생활에서 자주 먹는 식품에도 많이 들어 있으며, 중요한 단백질 공급원이기도 하다. 이 활동에서는 달걀껍데기의 특성과 달걀의 구조와 관련지어 달걀 속에 갇혀 있는 일정한 부피의 기체의 온도를 증가시켰을 때의 기체의 행동을 관찰하고 설명한다. 또한 달걀을 삶는 속도에 따라 삶은 달걀의 모양이 어떻게 달라지는지를 알아보는 탐구를 수행한다.

기본원리

1. 보일의 법칙

자전거 타이어에 바람을 넣으면 타이어가 팽팽해지면서 압력이 증가하는 것을 느낄 수 있다. 또한 기체를 압축하면 일정한 공간을 차지하는 분자수가 많아지면 벽에 충돌하는 분자수가 증가하여 압력이 증가하게 된다(그림 3-1).

보일(1627~1691)은 일정한 양의 기체가 압력에 따라 부피가 어떻게 변하는지를 정량적으로 결정하기 위한 실험을 수행하여, 일정한 온도에서 기체의 압력과 부피는 반비례하는 관계에 있음을 밝혔다(그림 3-2). 이 결과는 다음과 같이 수학적으로 표현한 수 있다.

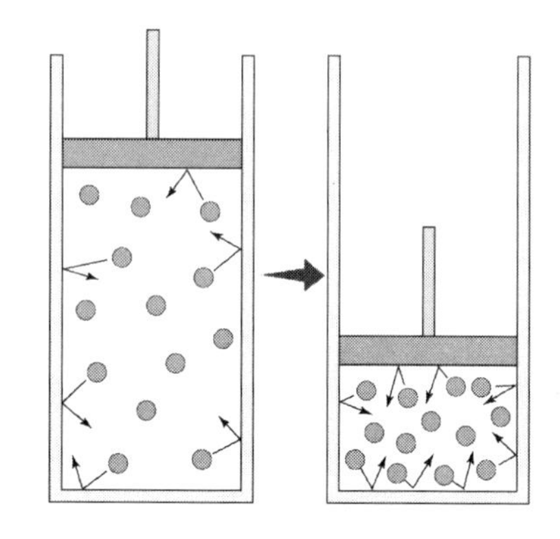

| 그림 3-1 | 기체를 압축했을 때의 변화

$V \propto \frac{1}{P}$ 또는 $P \times V = k$

(기체의 온도와 양이 일정할 때)

여기서 V는 부피, P는 압력, k는 상수이다. 이러한 압력과 부피의 관계를 보일의 법칙이라고 한다. 그림 3-2에서 (a)는 부피와 압력이 반비례하는 것을 보여주는 전형적인 보일의 법칙을 보여주며, (b)는 부피와 1/압력이 비례하는 것을 보여준다.

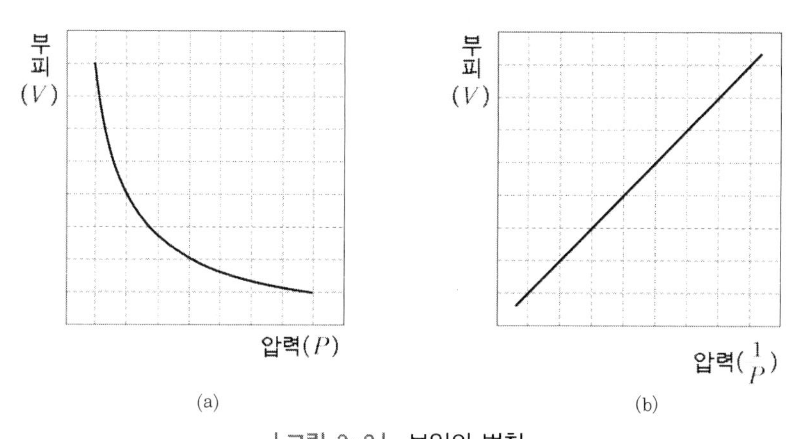

| 그림 3-2 | 보일의 법칙

보일의 발견이 뛰어난 점은 일상적으로 경험하는 온도와 압력에서 모든 기체에 대한 부피와 압력의 관계에 이 법칙을 적용할 수 있다는 것이다.

2. 샤를의 법칙

열기구에 관심이 있었던 프랑스의 화학자이자 수학자인 샤를은 일정한 압력에서

기체의 온도가 변할 때의 기체의 부피에 대하여 연구하여 그림 3-3과 같은 관계가 있음을 밝혀내었다. 그림 3-3에서 각 직선은 같은 기체에 대하여 양을 달리했을 때의 온도와 부피 사이의 관계를 보여준다.

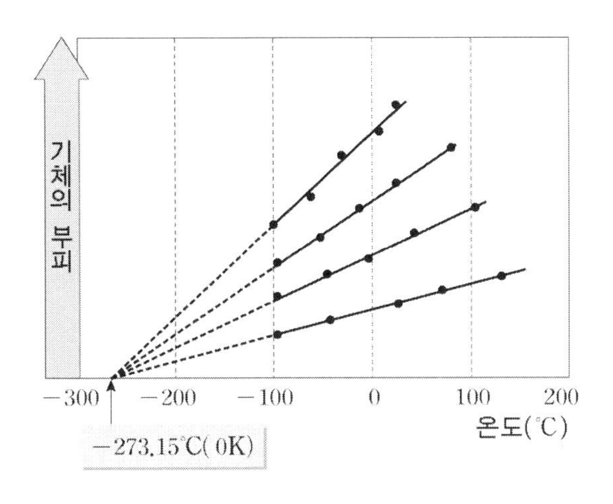

| 그림 3-3 | 샤를의 법칙

그림 3-3의 점선은 실제 실험한 값을 나타내며, 이 점선을 연결하면 직선 관계가 있음을 알 수 있다. 실제 기체는 온도가 낮아지면 액체로 응축되므로 일정 온도 이하에서는 실험 결과를 얻을 수 없다. 그러나 온도가 낮아지더라도 기체가 응축되지 않는다는 가정 하에 기체의 부피가 0이 되는 지점까지 각 직선을 내삽하면, 모든 직선은 −273.15°C인 온도에서 만난다. 이러한 관계는 모든 기체에서 관찰할 수 있는 현상이다. 기체의 온도가 −273.15°C 이하가 되면 부피가 음이 된다. 음의 부피는 불가능하므로 물질이 가질 수 있는 가장 낮은 온도인 −273.15°C를 절대 영도(absolute zero)라고 부른다. 절대 영도는 캘빈 온도 척도의 0 K에 해당하므로 절대 온도(T_K)와 섭씨 온도($T_℃$)는 다음과 같은 관계가 있다.

$$T_K = T_{℃} + 273.15$$

그러나 대부분의 경우 세 자리 유효숫자 정도만 필요하므로 다음과 같이 간단한 관계식을 사용한다.

$$T_K = T_{℃} + 273$$

그림 4-3에서의 직선은 일정한 압력에서 기체의 부피는 기체의 절대 온도에 비례

하고 있음을 보여준다. 이러한 관계는 샤를의 법칙이라고 알려져 있으며, 다음과 같이 수학적으로 표현한 수 있다.

$$V \propto T \quad \text{또는} \quad V = kT \quad \text{(기체의 압력과 양이 일정할 때)}$$

3. 기체의 상태방정식

기체의 양과 부피에 관계에 관한 연구로 아보가드로는 같은 온도와 압력에서 기체의 종류에 관계없이 같은 부피에 같은 수의 분자가 들어 있다는 법칙을 발표하였다. 이 법칙은 기체 분자수가 증가하면 기체의 부피가 증가한다는 것을 의미하며, 다음과 같이 수학적으로 표현한 수 있다.

$$V \propto n \quad \text{(기체의 압력과 온도가 일정할 때)}$$

여기서 n은 기체의 몰수이다. 따라서 앞에서 언급한 보일의 법칙과 샤를의 법칙을 아보가드로의 법칙과 통합하면 다음과 같은 수학식으로 표현할 수 있다.

$$V \propto \frac{nT}{P} \quad \text{또는} \quad PV = nRT \quad (R\text{는 비례 상수})$$

일반적으로 0°C, 1 기압에서 기체 1몰의 부피는 22.4 L를 차지하므로, 이 값을 $PV = nRT$식에 대입하면 비례 상수 R을 구할 수 있다.

$$R = \frac{PV}{nT} = (1.0\ \text{atm})(22.4\ \text{L})/(1.0\ \text{mol})(273\ \text{K}) = 0.0821\,(\text{atm}\cdot\text{L/mol}\cdot\text{K})$$

여기서 비례 상수 R를 기체 상수라고 부른다.

준비물

재료 달걀, 알루미늄 호일, 종이컵, 부탄가스
식용유, 식용 소금, 나무젓가락

기구 수조(가능한 큰 것으로 준비)
그릇(달걀 내용물을 담을 수 있는 깨끗한 용기)
커피포트(또는 항온조)
비커 500 mL, 온도계, 유성펜
휴대용 가스버너, 냄비 또는 코펠
도가니 집게, 면장갑, 후라이팬, 주걱, 시침핀

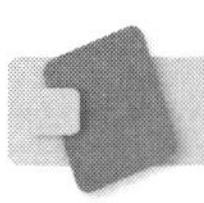

탐구활동

활동 1 반으로 나눈 달걀 껍데기를 물 속에 가라앉힐 때 나타나는 현상

(1) 달걀을 반구 모양이 되도록 반쪽으로 나누고, 달걀 내용물(흰자와 노른자)은 그릇에 담는다.

(2) 물이 가득 담긴 수조에 반으로 쪼개진 두개의 달걀 껍데기를 물 속에 넣고 가라앉힌다.

(3) 달걀 껍데기가 가라앉는 방향에 어떤 특징이 있는지 주의해서 관찰하고, 이와 같은 결과가 나온 까닭을 달걀의 구조와 관련지어 설명해 보자.

활동 2 달걀을 가열할 때 달걀 껍데기에서 일어나는 변화와 기체의 행동

(1) 한 개의 달걀에 송곳으로 작은 구멍을 뚫는다. 이 때 달걀 안쪽의 하얀 막도 제거하도록 한다. 이렇게 구멍을 뚫은 달걀은 구분하기 위하여 달걀 껍데기에 연필로 X 표시를 한다.

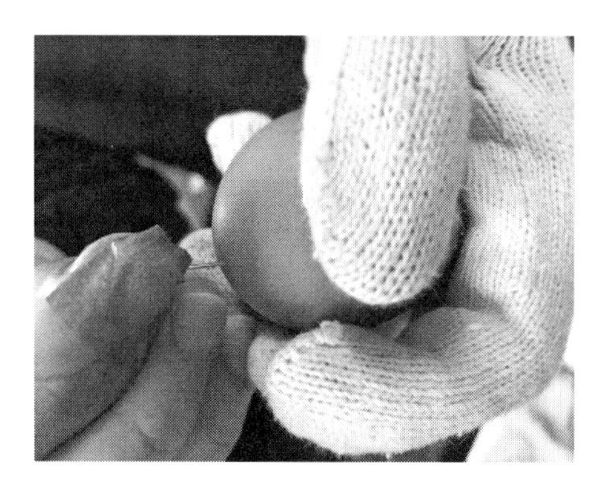

(2) 위에서 준비한 달걀과 구멍을 뚫지 않은 달걀을 뜨거운 물이 반쯤 담긴 큰 비커에 넣고 각각의 달걀 껍데기에서 일어나는 변화를 관찰한다.

(3) 달걀에 따라 껍데기의 두께, 금이 간 정도 등의 상태가 다를 수 있음을 유의하여, 과정 (2)에서 관찰한 사실의 객관성을 어떻게 높일 수 있을지 토의한다.

(4) 관찰한 결과를 온도와 압력 변화에 따른 기체의 행동으로 설명해 보자.

활동 3 삶은 달걀의 모양에 영향을 주는 요인

(1) 삶은 달걀의 껍데기를 벗겨보면 한 쪽 끝이 들어간 정도가 다른 것을 볼 수 있다. 삶은 달걀에서 움푹 들어간 모양이 생기는 요인을 생각해 보고, 이 요인에 따라 삶은 달걀의 모양이 어떨지 예상하고 그 이유를 설명해 보자.

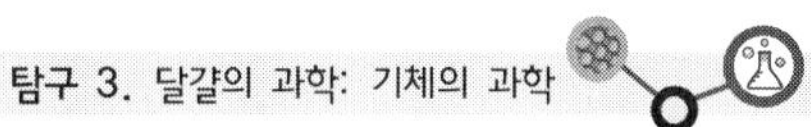

(2) 삶은 달걀의 모양에 영향을 주는 요인에 대한 가설을 세우고, 실험을 설계한 다음 수행한다.

(3) 실험 결과를 분석하여 과정 (2)의 가설을 검증하고, 나타난 현상을 과학적 원리와 개념으로 설명해 보자.

(4) 자신이 세운 가설이 옳다면, 자신의 주장에 대한 근거를 더 확보할 수 있는 실험을 설계하여 수행한다.

(5) 만약 실험 결과가 자신이 세운 가설을 지지하지 않으면 가설을 수정하거나 새로운 가설을 세운다. 수정하거나 새로 세운 가설을 검증하기 위한 실험을 설계하여 수행한다.

1. 달걀을 삶을 때 소금을 넣어서 삶으면 껍데기가 잘 깨지지 않는다고 한다. 그 이유는 무엇인가?

2. 삶은 달걀의 껍데기를 쉽게 벗기기 위한 방법과 원리를 연구해 보자.

3. 달걀을 보관할 때 둥근 부분과 뾰쪽한 부분 중 어느 부분이 위쪽으로 향하는 것이 좋을까? 그 이유는 무엇인가?

4. 맥반석, 진흙 등에 구운 달걀은 물에서 삶은 달걀과 비교할 때 어떤 차이가 있는가? 그 이유는 무엇일까?

03 탐구활동보고서

달걀의 과학: 기체의 과학

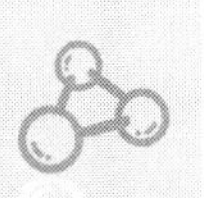

탐구 일시	
학　과	
학　번	
이　름	

〈절취선〉

활동 1 반으로 나눈 달걀 껍데기를 물 속에 가라앉힐 때 나타나는 현상

(1) 달걀 껍데기가 가라앉는 방향을 보고 관찰한 사실은 무엇인가?

(2) 달걀 껍데기가 가라앉는 방향을 달걀의 구조와 관련지어 설명하라.

활동 2 달걀을 뜨거운 물에 넣었을 때의 표면에서의 변화 관찰

(1) 달걀 껍데기에서 어떤 변화를 관찰하였는가?

(2) 달걀 껍데기에서 일어나는 변화로부터 온도와 압력에 따른 기체의 행동을 추론하여 보자.

활동 3 삶은 달걀의 모양에 영향을 주는 요인

(1) 삶은 달걀에서 움푹 들어간 모양이 생기는 요인은 무엇이며, 이 요인에 따라 삶은 달걀의 모양이 어떻게 되는지 설명해 보자.

(2) 삶은 달걀의 모양에 영향을 주는 요인에 따라 삶은 달걀의 모양을 설명하는 가설을 세우고 실험을 설계하여 수행하다.

(3) 실험 결과를 분석하여 (2)의 가설을 검증하고, 나타난 현상을 과학적 원리와 개념으로 설명해 보자.

(4) 자신이 세운 가설이 옳으면 자신의 주장에 대한 근거를 더 확보할 수 있는 실험을 설계하여 수행한다.

(5) 만약 실험 결과가 자신이 세운 가설을 지지하지 않으면 가설을 수정하거나 새로운 가설을 세운다. 수정하거나 새로 세운 가설을 검증하기 위한 실험을 설계하여 수행한다.

Experiment

4 플라스틱의 과학

역사를 당시에 그들이 살았던 세상을 건설하는 데 많이 사용하는 물질의 종류로 구분한다면, 석기 시대, 청동기 시대, 철기 시대에 이어 현재는 플라스틱 시대라고 구분할 수 있을 것이다. 플라스틱은 포장지나 포장 재료의 많은 부분을 차지하며, 병이나 용기, 방직물, 배관과 건축재료, 가구와 바닥재료, 페인트, 아교 등의 접착제, 전기절연체, 자동차 부품과 차체, 텔레비전, 의료기구, 비디오테이프, 컴퓨터 디스크, 펜이나 면도기, 심지어 플라스틱 쓰레기 봉투까지 우리 생활 구석구석 플라스틱이 사용되지 않는 곳이 없을 정도로 우리 주변에 많이 존재한다.

플라스틱은 튼튼하고 가볍고 어떤 색깔이든 마음대로 낼 수 있다. 또 어느 정도 열만 가하면 어떤 형태든 만들어내지 못하는 모양이 없다.

이 실험에서는 열에 의한 특성을 살펴봄으로써 플라스틱이 우리 생활에서 쉽게 널리 쓰일 수 있었던 이유에 대해서 생각해보고, 이러한 편리성이 지니는 이면의 문제점에 대하여 살펴보도록 하자. 그리고, 플라스틱의 장점을 살리고 단점을 보완하기 위한 현재의 노력들에 대하여 알아보도록 한다.

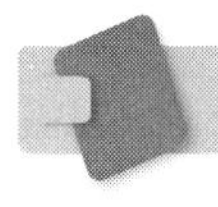

기본원리

1. 플라스틱의 의미

플라스틱이란 열이나 압력에 의해서 성형이 가능한 재료 또는 이런 재료를 사용한 제품을 의미한다. 플라스틱은 최종적으로는 고체의 형태이지만, 거기에 이르는 제조 과정에서 유동성을 가지며 이 때 성형이 이루어지는 것이어야 한다. 사실 플라스틱은 그 용어 자체로 이러한 '성형(모양을 만들다)'의 의미를 내포하고 있다. 영어로 플라스틱(plastic)의 어원은 그리스어의 '플라스티코스(plastikos)'에서 유래하는데, 그 뜻은 'can be molded(or shaped)' 즉, 성형할 수 있다는 것이다.

2. 플라스틱 역사

세계 최초로 만들어진 플라스틱은 무엇일까? 플라스틱은 1868년 미국 하이엇이 상아로 된 당구공의 대용품으로 발명한 셀룰로이드이다. 당구 게임이 처음 만들어졌을 때 당구공은 코끼리의 상아로 만들어 사용했다. 그런데 1860년대에 이르러 아프리카 코끼리의 수가 급격하게 감소하자 상아를 구하기가 하늘의 별따기처럼 어렵게 됐다. 그래서 미국 당구공 제조업자들은 상아당구공을 대체할 물질을 찾기 위해 1만 달러의 상금을 걸었다.

당시 인쇄업자였던 미국의 하야트도 상금을 탈 욕심으로 여기에 도전했다. 그는 동생과 함께 톱밥과 종이를 풀과 섞어 당구공을 만들려고 했다. 그런데 1869년 우연한 계기로 니트로 셀룰로오스와 장뇌를 섞으면 매우 단단한 물질이 된다는 것을 알아냈다. 이것이 바로 천연수지로 만든 최초의 플라스틱이다.

하야트 형제는 1870년 자신들이 만든 플라스틱을 가지고 셀룰로이드라는 이름으로 특허를 받았다. 그런데 셀룰로이드는 이따금 폭발하는 단점을 지니고 있어 당구공 제조업자들이 건 상금을 받지는 못했다. 셀룰로이드는 주로 장난감과 영화필름을 만드는데 사용됐다. 그러나 영화사 필름창고가 셀롤로이드의 폭발성 때문에 가끔 폭발했다.

본격적인 플라스틱 시대를 연 사람은 벨기에 태생의 베이클랜드(1863~1944)였다. 천부적인 사업감각을 가졌던 그는 뭔가 돈벌이가 없을까 연구하던 중 독일의 위대한 화학자 폰 바이어(1835~1917)가 1872년에 썼던, 페놀과 알데히드를 반응시키면 수지같은 것이 생긴다는 논문을 찾아냈다. 그는 30여년 동안 아무도 주목하지 않은 이 논문이 뭔가 상업적으로 큰 일을 해낼 것을 직감했다.

베이클랜드(사진)는 1909년 포름알데히드와 페놀을 이용해 최초로 합성수지 플라스틱인 페놀포르말린 수지(베이클라이트)를 만들어냈다. 이것은 셀룰로이드의 단점을 보완하면서 열만 가하면 다양한 형태를 만들 수 있었다. 그는 이것을 '베이클라이트'라고 불렀다. 이것이 외관상 송진(resin)과 비슷했기 때문에 일반적으로 합성수지라고 하였고, 이런 연유로 그 후 인조재료를 합성수지라고 하게 되었다. 오늘날 플라스틱이라고 하면 일반적으로 합성수지를 뜻하므로, 베이클라이트를 최초의 플라스틱으로 보는 사람도 많다.

베이클라이트로 베이클랜드는 또 다시 큰돈을 벌었다. 당시 전기사업은 큰 호황을 누리고 있었는데, 문제는 절연체였다. 그런데 녹지 않고 부식되지 않고 가볍고 절연성이 뛰어난 베이클라이트가 등장해 이를 충족시켰던 것이다.

상아를 대체하기 위해 개발된 베이클라이트 당구공

베이클라이트가 발명된 이후 플라스틱에 관한 연구는 크게 활기를 띠게 됐다. 1928년 하버드대학 강사 출신인 캐러더스(1896~1937)는 뒤퐁사에 연구소를 차려 합성고무의 일종인 네오프렌을 발명했고, 1937년에는 합성섬유인 나일론을 발명했다. 1940년 4월 첫 선을 보인 나일론 스타킹은 발매 4일만에 4백만 켤레가 팔리는 기염을 토했다.[1)]

3. 플라스틱의 분류

플라스틱은 일반적으로 열가소성(Thermoplastics) 플라스틱과 열경화성(Thermosetting) 플라스틱으로 구분된다. 열가소성 플라스틱(열가소성수지)은 고분자로서 가열에 의해서 유동성을 가지게 되어 성형이 된다. 열가소성 수지는 열을 가하면 양초처럼 녹거나 밀가루 반죽처럼 부드럽고 유연해지나 식으면 다시 단단해지는 성질을 가지고 있다. 이에 반해 열경화성 플라스틱(열경화성수지)은 저분자이지만 형(型) 속에서 가열・가압되는 동안에 유동성을 가지고 화학반응에 의해서 고분자화되어 그 후 가열해도 유동성을 가지지 않는다.

4. 재활용 코드에 따른 플라스틱의 종류

재활용 코드에 대하여 살펴보고 재활용 코드에 따른 다양한 종류의 플라스틱의

1) http://user.chollian.net/~cyj1010/jongyun/dacu10.htm 참고

우리 주변에서 어떻게 쓰이는지 알아보자.

Symbol	Acronym	Full name and uses
1	PET	Polyethylene terephthalate - Fizzy drink bottles and frozen ready meal packages.
2	HDPE	High-density polyethylene - Milk and washing-up liquid bottles
3	PVC	Polyvinyl chloride - Food trays, cling film, bottles for squash, mineral water and shampoo.
4	LDPE	Low density polyethylene - Carrier bags and bin liners.
5	PP	Polypropylene - Margarine tubs, microwave-able meal trays.
6	PS	Polystyrene - Yoghurt pots, foam meat or fish trays, hamburger boxes and egg cartons, vending cups, plastic cutlery, protective packaging for electronic goods and toys.
7	Other	Any other plastics that do not fall into any of the above categories. For example melamine, often used in plastic plates and cups.

준비물

재료 P.S. 플라스틱, 핸드폰 줄 고리
플라스틱 계란 판, 굵은 철사
푸른색 사이다 페트병, 녹색 꽃 테이프
붕사, PVA 가루, 색소, 종이컵
나무젓가락, 1회용 비닐장갑

기구 전기 오븐, 전자저울
커피포트(또는 항온조)
여러 색의 유성펜, 니퍼, 팬치
펀치, 가위, 두꺼운 책, 목장갑
눈금실린더(10 mL), 약숟가락
칼, 알코올램프

탐구활동

활동 1 열쇠고리 만들기

(1) 플라스틱을 원하는 모양으로 잘라낸 후 펀치로 구멍을 뚫는다.

(2) 유성펜을 이용하여 그림을 그리거나 글씨를 써 넣는다.

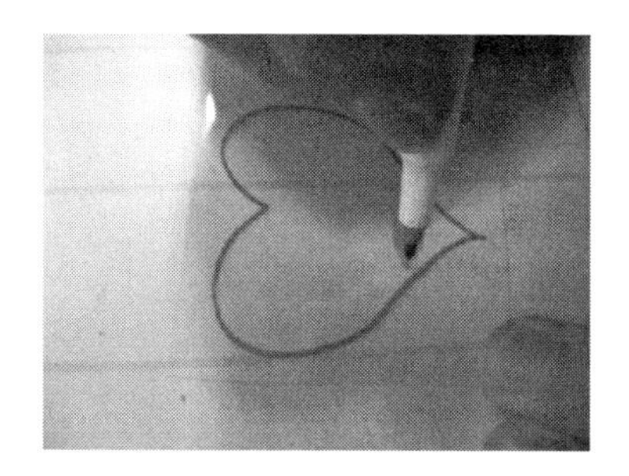

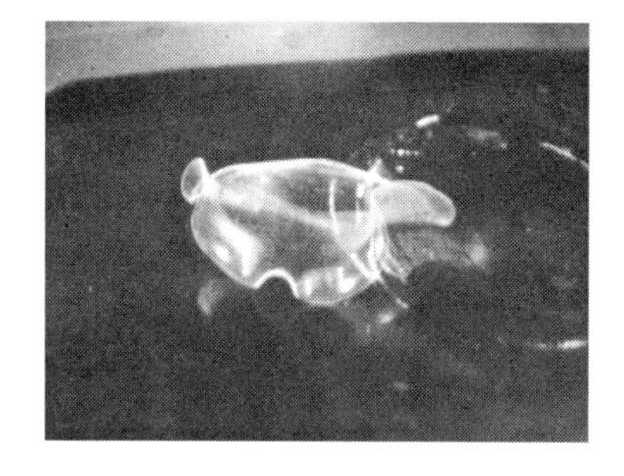

(3) 그림을 그린 플라스틱을 150°C로 예열된 오븐에 넣는다.

(4) 플라스틱이 바닥에 쫙 펴지면서 주저앉을 때까지 관찰하다.

(5) 플라스틱을 집게(또는 핀셋)로 바로 꺼내 두꺼운 책으로 누르자.

※ 화상에 주의한다.

■ 플라스틱의 부피와 질량은 어떻게 변했는가?

(6) 모양이 변한 플라스틱에 열쇠고리 줄을 달아보자.

(7) 모양이 변한 플라스틱의 부피가 처음보다 줄어 들었다는 주장과 부피가

변하지 않고 일정하다는 주장이 있다. 어떤 주장이 옳은지를 확인할 수 있는 실험을 설계하고 수행해 보자.

활동 2 플라스틱 꽃

첫 번째. 꽃을 만들어볼까요?

(1) 계란판의 볼록한 부분을 잘라서 꽃잎 모양으로 자른다. 계란판의 모양에 따라 꽃잎의 수를 4개, 혹은 8개로 할 수 있다.

(2) 꽃잎의 가운데 부분에 철사를 끼운다. 가운데 부분이 빠지지 않도록 팬치로 철사 끝을 구부린다.

(3) 꽃잎이 아래로 오도록 철사를 잡고 브루스타의 불을 약하게 켠 후 15 cm 정도 높이에서 꽃잎을 고르게 가열한다.

(4) 잠시 후 꽃잎이 열에 의해 구부러지면 손으로 만져서 자연스럽게 모양을 내보자.

※ 불에 너무 가까이 하면 플라스틱이 갑자기 모양이 변하거나 타버리므

로 천천히 가열한다. 또 뜨거운 상태에서 바로 만지면 화상의 위험이 있다. 불에서 멀리 한 후 만진다.

(5) 꽃잎의 색을 다양하게 하려면 끝부분을 조금 더 가열해주어 끝이 하얗게 변하게 만들 수 있다.

(6) 꽃잎을 3개 정도 겹쳐서 철사에 끼우면 꽃이 완성된다.

(7) 녹색 테이프로 꽃의 아래 부분을 감싸서 꽃대를 만들어 고정시킨다.

두 번째. 잎을 만들어볼까요?

(1) 녹색인 사이다 페트병의 상표가 붙어있는 부분을 깨끗이 제거하고 가운데 부분을 오려낸다.

(2) 1~1.5 cm 두께가 되도록 자른다.

(3) 양손으로 잎을 잡고 돌려가며 불에 가열해보자. 자연스럽게 구부러지면서 잎 모양이 완성된다.

(4) 완성된 잎은 적당한 길이로 잘라 꽃에 붙이거나 투명 페트병으로 만든 꽃병에 꽃과 함께 꽂아 장식한다.

활동 3 플러버(탱탱볼)

(1) 물 10 mL가 들어있는 종이컵에 붕사 0.2 g을 넣어 잘 녹인다.

(2) 다른 종이컵에 PVA 5 g을 넣고 색소를 넣어 골고루 섞어준다.

(3) 2번 종이컵에 따뜻한 물을 조금만(PVA가 살짝 잠길 정도) 넣고 나무막대로 저으면서 섞는다.

(4) 3번에서 생긴 PVA 덩어리를 손에 덜어 물기를 짜면서 공모양으로 만든다.

(5) 공모양의 PVA를 붕사가 녹아있는 종이컵에 담가 굴려준다.

(6) 젤리처럼 굳어질 때 양 손바닥 사이에서 동그랗게 빚는다.

(7) 공모양의 플러버가 단단해지면 바닥에 튀겨보자.

생각해 보기

1. 우리나라 플라스틱 생산량은 세계 4위라고 한다. 우리 생활 곳곳에서 플라스틱이 매우 광범위하게 쓰이고 있는데 플라스틱의 장점과 단점을 알아보자.

2. 탱탱볼이 탄력성을 가지는 이유는 무엇인가?

3. 플라스틱 꽃을 만들 수 있는 플라스틱의 종류를 주변에서 찾아보자.

04 탐구활동보고서

플라스틱의 과학

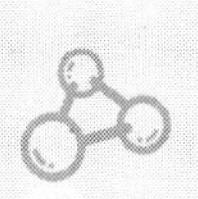

탐구 일시	
학　　과	
학　　번	
이　　름	

활동 1 열쇠고리 만들기

(1) 플라스틱의 모양이 변하는 이유는 무엇일까?

(2) 플라스틱의 부피와 질량은 어떻게 변했는가?

(3) 플라스틱의 부피가 처음보다 줄어 들었다는 주장과 부피가 변하지 않고 일정하다는 주장이 있다. 어떤 주장이 옳은지를 실험을 설계하고 수행해 보자.

■ 주장 :

■ 실험 설계 및 수행결과 :

〈절취선〉

활동 2 | 플라스틱 꽃

(1) 활동 1에서의 변화과정과 차이점은 무엇인가? 그 이유는?

(2) 오랫동안 가열하면 투명한 플라스틱이 하얗게 변하는 이유는?

활동 3 | 플러버(탱탱볼)

(1) 공이 잘 튀지 않도록 탄성을 줄이고자 한다면 물의 양을 어떻게 해야할까? 실험해보고 확인해보자.

(2) 붕사용액의 양을 늘리면 플러버의 탄성이 어떻게 변화할까? 실험해보고 확인해보자.

Experiment

5 음식물의 열량 측정

우리가 먹는 과자의 봉지를 보면 여러 가지가 적혀 있다. 과자를 만드는 데 사용된 재료 및 함량과 영양 성분이 적혀 있다. 영양 성분표에는 과자에 탄수화물, 단백질, 지방 등 영양 성분이 얼마나 들어 있는지 표시하고 있으며, 열량도 함께 표시하고 있다. 과자의 열량은 과연 어떻게 알 수 있을까? 그리고 과자에 따라 열량은 어떻게 다를까?

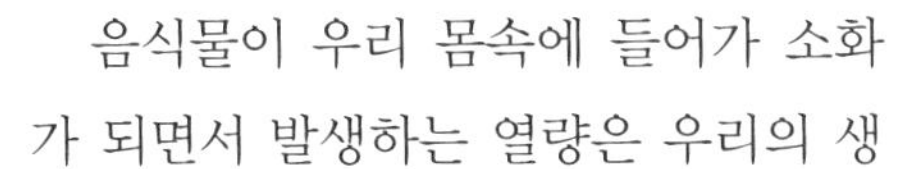

음식물이 우리 몸속에 들어가 소화가 되면서 발생하는 열량은 우리의 생명을 유지시키고 여러 가지 활동을 하기 위한 에너지원으로 사용된다. 이 때 발생하는 열량은 복잡한 화학 반응을 거쳐서 생겨나지만 기본적으로는 산화의 과정이므로 음식물을 공기 중에서 연소시켜서 연소열을 측정함으로써 음식물의 열량을 간접적으로 측정할 수가 있다.

이 실험에서는 간단한 연소열 실험 장치를 직접 꾸미고, 이를 이용하여 음식물의 열량을 구해 본다. 물론 단열을 시키지 않았으므로 많은 열이 공기 중으로(대체로 50～70%) 방출되어 정확한 열량을 계산하기 어렵다는 단점이 있지만, 음식물의 열량이 얼마나 되는지 정확히 아는 것보다 스스로 열량 공식을 써서 음식물의 연소열을 계산해 보는데 의미가 있다.

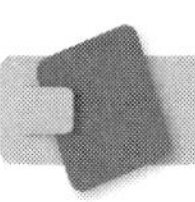

기본원리

1. 열량

온도가 높은 물체로부터 낮은 물체로 이동하는 에너지를 열(heat)이라 하고, 그 크기를 열량(quantity of heat)이라 한다. 열량의 단위로는 보통 칼로리(cal: 1 cal = 4.18 J)를 사용하는데, 국제단위계(SI)로는 줄(J)과 와트초(W · s)로 정해졌다. 1 cal는 순수한 물 1 g의 온도를 1°C만큼 올리는 데 필요한 열에 해당한다. 열량은 역학적 일과 같은 양으로 환산할 수 있으며, 물질계 내부에너지의 변화에 기여 한다(열역학 제1법칙). 물질계의 온도 변화나, 상태 변화는 열량의 변화로 나타난다.

2. 열량의 측정

여러 가지 반응(역학적 · 전기적 · 화학적 반응)에서 생긴 열 또는 물질의 열 함량을 측정하기 위하여 열량계를 사용된다. 열량계는 반응이 일어나는 부분과 반응열을 흡수하여 온도가 상승하는 액체를 담고 있는 차폐 용기로 이루어져 있다. 반응열에 의한 온도 상승을 측정하고 용기와 액체의 질량과 비열을 안다면 생성된 전체 열량을 계산할 수 있다.

3. 열량의 계산

$$Q = C\Delta T = cm\Delta T$$

- ► C : 열용량(어떤 물질의 온도를 1°C 올리는데 필요한 열량)
- ► c : 비열(어떤 물질 1 g의 온도를 1°C 올리는데 필요한 열량)
- ► m : 질량

이 실험에서는 물과 알루미늄캔이 열을 받아 온도가 올라가므로 다음의 열용량을 사용한다.

열용량(C) = 물의 열용량 + 캔의 열용량
= (물의 비열 1 cal/g°C × 물의 질량)
+ (알루미늄의 비열 0.2 cal/g°C × 캔의 질량)

단위 질량 당 열량은 다음과 같이 계산한다.

$$\text{단위질량 당 열량} = \frac{\text{물과 캔이 얻은 총열량}}{(\text{연소전의질량} - \text{연소후의질량})}$$

4. 봄베 열량계(bomb calorimeter)

물질이 연소할 때 나오는 열량을 측정하기 위해 오른쪽 그림과 같은 구조로 특별히 고안된 장치이다. 외부와 단열된 용기 속에 물이 담겨져 있으며, 그 안에 시료를 넣고 불을 붙일 수 있도록 되어 있다. 약 20~25 기압 정도가 될 때까지 산소를 넣고, 점화 장치를 이용하여 연소시킨다. 연소하면서 발생하는 열은 물에 흡수되어 물의 온도가 올라가므로, 그 온도의 상승에서 물체의 연소열을 계산할 수 있다.

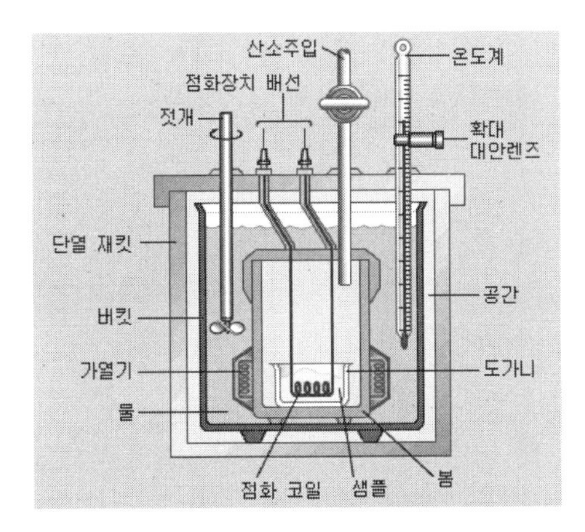

| 그림 5-1 | 봄베 열량계

준비물

재료 과자(새우깡, 양파링, 꼬깔콘 등), 땅콩, 아몬드
알루미늄 호일, 휴지

기구 전자저울, 알루미늄 캔
철사 또는 클립(대), 팬치, 온도계
스탠드, 클램프와 클램프 홀더 1개
가스점화기, 비커, 눈금실린더, 송곳

탐구활동

활동 1 열량계 만들기

(1) 알루미늄캔과 철사를 이용하여 열량계와 가열 장치를 만든다.

※ 알루미늄 캔에 송곳으로 구멍을 뚫을 때 손을 다치지 않도록 주의한다.

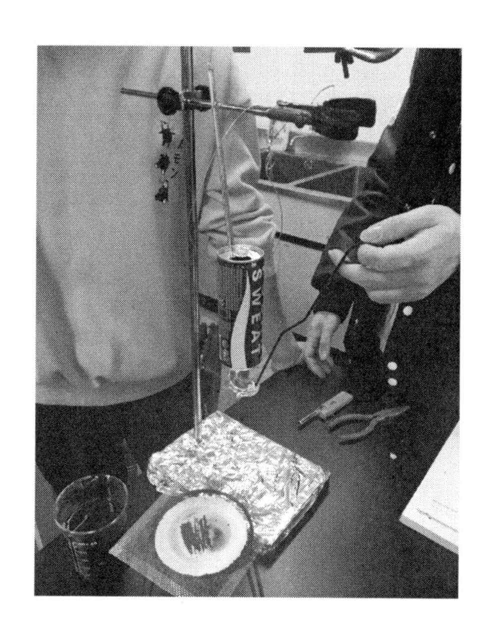

(2) 알루미늄캔의 질량을 측정한다.

활동 2 연소열 측정하기

(1) 적당량의 물을 알루미늄 캔에 담고 물의 질량, 물의 처음 온도, 태우기 전 과자의 질량을 측정한다.

(2) 과자에 불을 붙여서 물을 가열한다.

(3) 과자가 타고 나면 물의 최고 온도, 타고 남은 과자의 질량을 측정한다.

(4) 과자 1 g당 열량을 계산한다.

(5) 캔에 묻은 그을음을 휴지로 잘 닦은 뒤 같은 재료를 가지고 실험을 반복한다.

※ 호일을 깔아 과자를 태우면서 떨어지는 부스러기나 기름을 받을 수 있도록 한다.

활동 3 여러 가지 음식물의 열량 비교하기

(1) 여러 가지 재료(과자류, 견과류)를 가지고 실험을 반복한다.

(2) 음식물의 종류에 따른 열량을 비교한다.

생각해 보기

1. 절대 오차와 상대 오차는 어떻게 다른가? 실험 결과를 논의할 때 실제로 유용한 것은 어떤 것인가? 그 이유는?

2. 연소열 측정의 오차를 줄이려면 열량계를 어떻게 만들어야 할까?

3. 음식물의 종류에 따라 단위 질량 당 열량이 어떻게 차이가 나는가? 음식물에 따라 열량에 차이가 나는 이유는 무엇인가?

4. 다이어트를 하고자 한다면, 어떤 종류의 과자를 피해야 할까? 그 이유는?

05 탐구활동보고서

음식물의 열량 측정

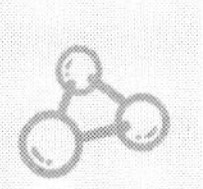

탐구 일시	
학 과	
학 번	
이 름	

활동 1 열량계 만들기

(1) 알루미늄 캔의 질량을 측정한다.

■ 캔의 질량 : _______ g

(2) 연소열 측정에 영향을 미칠 수 있는 요인들은 어떤 것이 있을까?

활동 2 연소열 측정하기

(1) 과자를 태우기 전에 다음 사항을 측정한다.

과자의 종류									
	1회	2회	3회	1회	2회	3회	1회	2회	3회
캔의 질량(g)									
물의 질량(g)									
물의 온도(°C)									
과자의 질량(g)									

〈절취선〉

(2) 열량계의 열용량을 계산한다.

열용량(C) = 물의 열용량 + 캔의 열용량

= (물의 비열 1 cal/g°C × 물의 질량 g)

+ (알루미늄캔의 비열 0.2 cal/g°C × 캔의 질량 g)

= ___________ cal/°C　　(× 4.2 = ____ J/°C)

(3) 과자가 타고 나면 다음을 측정한다.

과자의 종류									
	1회	2회	3회	1회	2회	3회	1회	2회	3회
물의 최고 온도(°C)									
타고 남은 과자의 질량(g)									

(4) 아래 표에 따라 과자 1g당 열량을 계산한다.

과자의 종류									
	1회	2회	3회	1회	2회	3회	1회	2회	3회
온도변화 ($\triangle$T, °C)									
연소된 질량 ($\triangle$m, g)									
열량계의 열용량 (cal/°C) C									
발생한 열량(cal) Q = C×$\triangle$T									
재료 1g당 열량 (Q/$\triangle$m, cal/g)									

(5) 과자 봉지에 적혀 있는 과자의 열량과 비교하여 실험의 오차를 기록한다.

상대오차(%) = (측정값 − 참값) / 참값 × 100

활동 3 여러 가지 음식물의 열량 비교하기

※ 여러 과자들의 1g 당 열량의 평균값을 비교해보자

과자의 종류			
재료 1g당 열량 ($Q/\triangle m$, cal/g)			

〈절취선〉

Experiment 6 핫 팩 만들기

추운 겨울에도 주머니 속에 쏙 들어가는 손난로 하나면 따뜻하게 지낼 수 있다. 액체와 함께 비닐 백 속에 들어 있는 금속을 똑딱이면 함께 있던 액체가 굳으면서 열을 내는 손난로도 있고, 가루 물질이 들어 있는 주머니를 밀폐된 상태에서 공기 중에 내 놓기만 하면 따뜻해지는 핫 팩도 있다. 액체로 된 손난로는 열기가 그리 오래 가지는 않지만, 식은 손난로를 뜨거운 물에 담갔다가 꺼내면 다시 여러 번 반복해 쓸 수 있다. 가루 물질로 된 핫 팩은 따뜻한 열기가 제법 오랫동안 지속되지만, 한 번 밖에 사용할 수 없다.

물질의 배열 상태가 변하거나 반응을 통해서 다른 물질로 되는 과정에서 열에너지가 들어가기도 하고 나오기도 한다. 이러한 열에너지의 변화 과정을 잘 활용하면 물질에 열에너지를 비축해 두었다가 필요할 때 열에너지를 꺼내 쓸 수가 있다.

이 활동에서는 물질의 반응 과정에서 열에너지가 출입하는 것을 실험을 통하여 살펴본 후, 겨울철에 많이 사용하는 손난로를 직접 만들어 보면서 화학 반응에 따른 열의 출입을 설명한다. 또한 시중에 판매되는 핫 팩에 들어가는 원료의 구성비에 따라 핫 팩의 온도 변화가 어떻게 달라지는지를 알아보는 탐구를 수행한다.

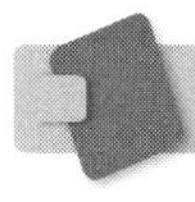

기본원리

1. 용해와 온도 변화

어떤 물질이 다른 물질과 혼합하여 균일한 상태로 되는 것을 용해라고 한다. 흔히 용해라 하면 액체에 기체 또는 고체가 들어가서 액체로 되는 것을 생각하지만, 어떠한 상태의 물질이든 균일한 상태로 섞이는 것을 용해라고 한다. 일반적으로, 액체에 기체가 용해 될 때는 온도가 낮을수록 용해가 더 잘되고, 액체에 고체가 용해 될 때는 온도가 높아질수록 용해가 잘된다. 이것은 고체보다는 액체, 액체보다는 기체 상태의 에너지가 더 크기 때문이다.

에너지가 큰 상태인 기체가 액체에 녹아서 액체가 되는 과정은 에너지가 낮아지게 되고, 그 차이만큼의 에너지를 밖으로 내 놓게 되어 주변의 온도가 올라가기에 발열 과정이 되는 것이다. 발열 반응이 일어나면 주변의 온도가 올라가기에 온도가 낮을수록 발열이 잘 진행이 된다.

용액의 온도가 변하는 것은 물질의 상태 뿐 아니라, 용해 과정의 에너지와도 관련이 있다. 물질을 이루고 있는 분자의 배열이 변하면서도 에너지를 방출하거나 흡수한다. 세제와 황산마그네슘 등의 가루 물질을 물에 녹이면, 이 과정에서 용액의 온도가 변한다. 용해할 때, 가루 물질을 이루던 분자들은 물 분자가 에워싸면서 분자들이 따로 따로 떨어져 나오게 된다. 분자 배열의 변화는 에너지의 방출 또는 흡수를 수반한다. 이러한 에너지의 교환은 용액의 온도 변화의 원인이 된다. 가루 분자가 용액에 에너지를 방출할 때, 용액은 뜨거워진다. 가루 분자가 용액에서 에너지를 흡수하면, 용액은 차가워진다.

일반적으로, 분자가 높은 에너지 배열 상태에서 낮은 에너지 배열 상태로 움직일 때, 분자는 에너지를 방출한다. 이러한 상황은 수산화나트륨 분자를 포함한 세제를 물에 녹일 때 발생한다. 수산화나트륨 분자는 물에서 에너지를 열로 방출하면서 재배열 된다. 화학 계의 열이 외부로 방출되는 것을 발열 과정이라고 부른다.

반대의 과정은 낮은 에너지 배열 상태의 황산마그네슘이 물에 녹을 때 발생한다. 황산마그네슘의 분자는 용액 주변의 에너지를 흡수해서 에너지 변화를 보충한다. 열이 외부에서 계로 이동하는 것(이 경우에는, 주위의 물에서 황산마그네슘 분자로 이동하는 것)을 흡열 과정이라고 부른다.

2. 반응열

(1) 엔탈피(H)

물질이 갖고 있는 총에너지 함량이 엔탈피이다. 예를 들면, 물 분자(H_2O)의 엔탈피는 분자를 구성하는 원자들의 핵 에너지, 전자가 갖는 운동 에너지, 원자 간의 공유 결합 에너지, 물 분자의 병진 운동 에너지, 진동 운동 에너지, 회전 운동 에너지 등의 모든 에너지를 합한 결과이다.

그런데, 물질의 엔탈피를 일일이 재는 것은 사실상 불가능하고 또 그럴 필요도 없다. 왜냐하면 화학 반응이 일어날 때 관심이 있는 것은 반응 전·후에 흡수 또는 방출된 에너지의 양이지 물질 자체의 에너지 함량이 아니다. 그래서 사람들은 엔탈피 변화를 측정한다.

(2) 엔탈피 변화

반응에 따른 엔탈피 변화는 다음과 같이 계산한다.

$$\Delta H = H_{생성물질} - H_{반응물질}$$

반응열은 화학 반응이 일어나기 전후의 반응물과 생성물 간의 위치 에너지 차이, 즉, 에너지 함량의 변화를 말한다.

(3) 발열 반응과 흡열 반응

다음 그림에서 발열 반응과 흡열 반응의 차이를 알 수 있다.

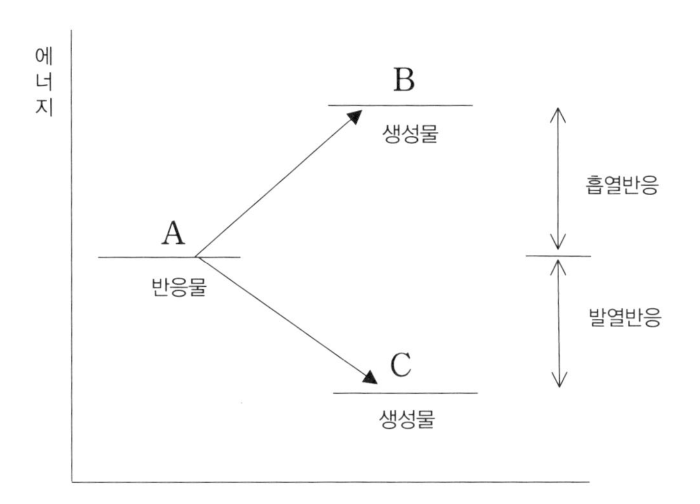

| 그림 6-1 | 발열반응과 흡열반응

발열 반응은 그림에서 반응물(A)에 비하여 생성물(C)의 위치 에너지가 낮아져 (A → C), 그 차이(A－C) 만큼의 에너지를 방출하는 반응을 말한다. 이 때 방출하는 에너지가 열로 나타나면 반응계의 온도가 올라가게 된다. 물론 반응 뒤에 그대로 내버려 두면 올라갔던 온도가 다시 실온으로 돌아가 열 평형을 이룬다.

흡열 반응은 반응물(A)에 비하여 생성물(B)의 위치 에너지가 더 높아지는 것이므로(A → B), 반응계로부터 그만한(B − A) 에너지를 흡수하게 된다. 따라서 에너지를 빼앗긴 반응계의 온도는 내려가게 되는 것이다. 한편, 이 때 흡수한 에너지는 생성물이 결합하는 데 쓰인다.

3. 손난로의 원리

손난로에는 아세트산나트륨($CH_3COONa \cdot 3H_2O$)이 들어 있다. 아세트산나트륨은 상온에서는 물에 대한 용해도가 낮아서 고체 상태로 있지만 온도가 높아지면 용해도가 커진다. 아세트산나트륨을 58°C 이상으로 가열하면 결정수가 분리되고, 그 물에 아세트산나트륨이 녹아 액체로 되기 시작한다. 79°C에서는 아세트산나트륨이 완전히 다 녹아 그 용액은 포화 상태가 된다. 이 포화 용액이 식게 되면 과포화 상태가 되는데, 매우 불안정하여 충격을 받으면 과포화상태가 파괴되면서 결정으로 석출된다. 과포화상태의 아세트산나트륨은 결정 상태에 비해 열에너지를 많이 포함하고 있기 때문에 액체 상태에서 결정이 되면서 열이 나게 된다. 이 열이 바로 손난로 역할을 하는 것이다.

아세트산나트륨의 용해열은 19.7 KJ/mol로 용해 과정은 흡열 반응이다. 즉 아세트산나트륨을 가열해야만 녹는 것이다. 하지만, 이 반대 과정인 결정화는 발열 반응으로 1 mol 당 19.7 KJ의 열이 방출된다. 즉, 아세트산나트륨을 녹일 때 흡수되었던 열은 아세트산나트륨이 결정화되면서 방출되는 것이다.

준비물

재료 세탁 세제(수산화나트륨이 포함된 것)
황산마그네슘
아세트산나트륨(3수화물)
비닐 지퍼 백 또는 비닐 봉지(파우치)
똑딱이 금속

기구 열 봉합기
약숟가락, 냄비, 가스버너

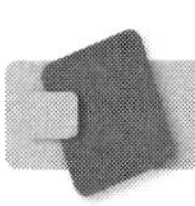

탐구활동

활동 1 물질이 반응할 때 열의 출입 알아보기

(1) 두 개의 지퍼 백을 준비하여 하나에는 '세제', 다른 하나에는 '황산마그네슘' 라벨을 각각 붙인다.

(2) 두 개의 지퍼 백에 물을 각각 3 숟가락 씩 넣는다.

(3) '세제' 라벨이 붙어 있는 지퍼 백에는 세탁 세제 1 숟가락을 넣는다.

(4) '황산마그네슘' 라벨이 붙어 있는 지퍼 백에 황산마그네슘 1 숟가락을 넣는다.

(5) 지퍼 백을 막고 내용물을 30초 동안 부드럽게 섞어 준다.

(6) 두 개의 지퍼 백을 비교하라.

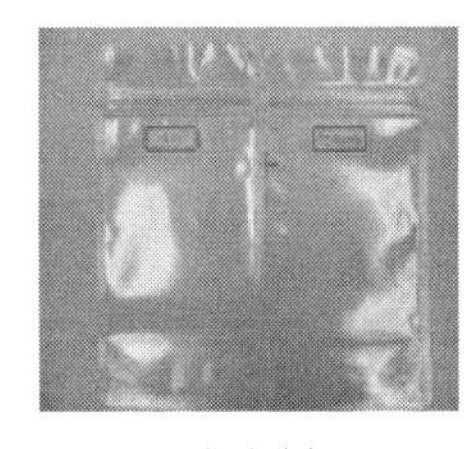

과정 (1)

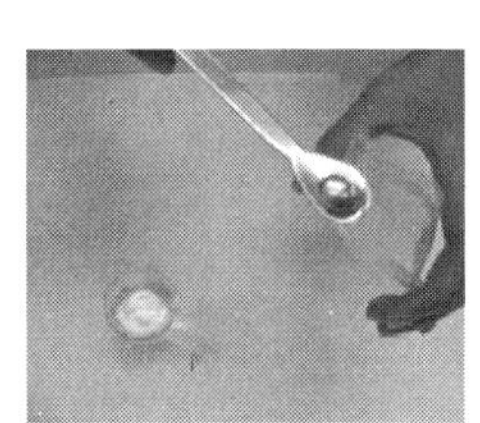

과정 (2)

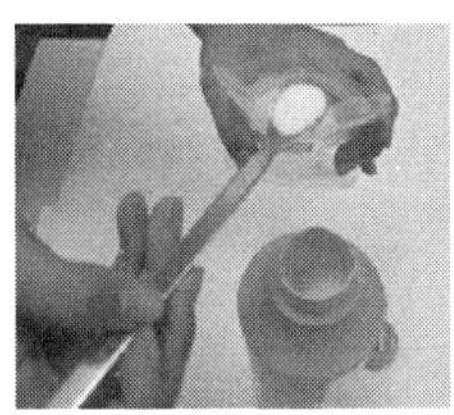

과정 (3)

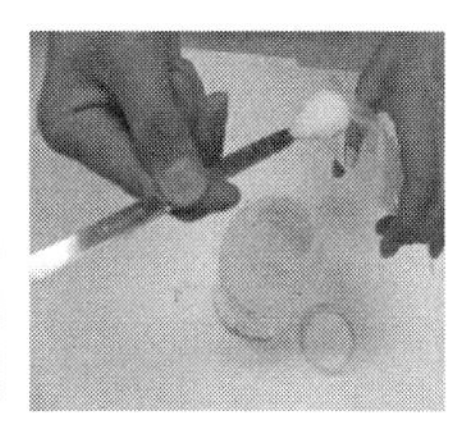

과정 (4)

활동 2 손난로를 만들어 보자

(1) 비닐 봉지에 아세트산나트륨 35 g과 물 5 mL, 똑딱이 금속을 넣고, 뜨거운 물에 담가 모두 녹인다.

(2) 아세트산나트륨이 모두 녹으면 열 봉합기를 이용하여 비닐 봉투를 밀봉한다.

(3) 용액이 식으면 똑딱이 금속을 꺾어본다.

(4) 내용물이 다 굳으면 뜨거운 물에 비닐 봉지를 다시 넣어 녹인다.

(5) 위의 (3)과 (4)의 과정을 반복해 본다.

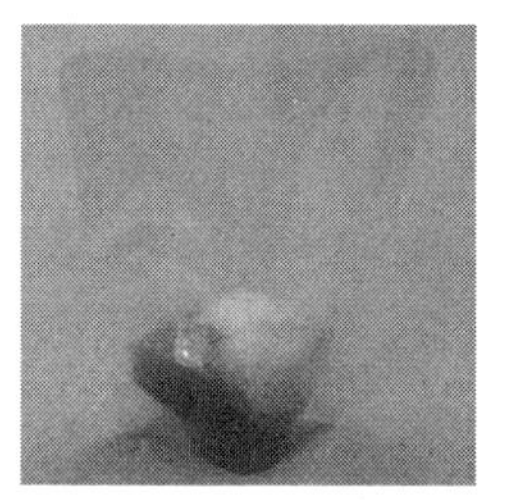
과정 (1)

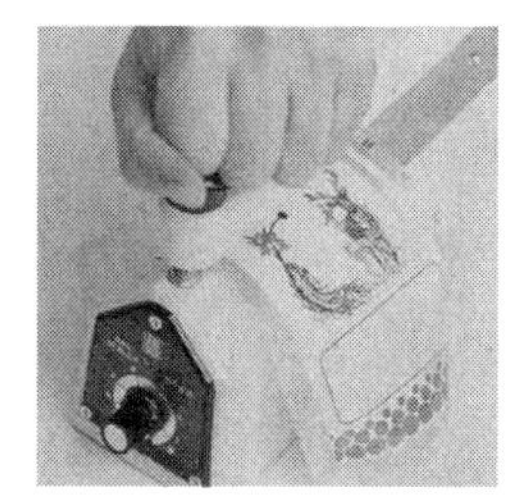
과정 (2)

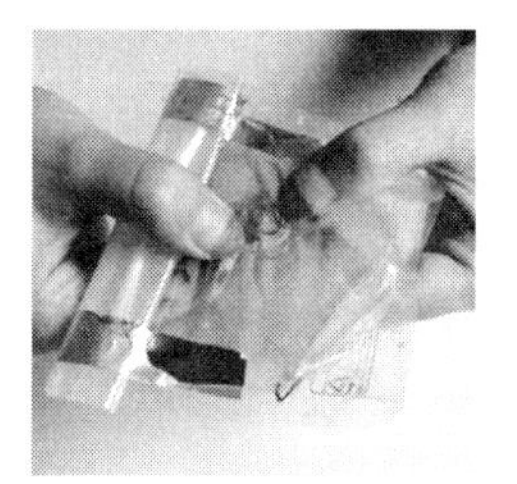
과정 (3)

과정 (4)

활동 3 핫 팩의 온도 변화에 영향을 주는 요인은 무엇인가?

(1) 핫 팩에 들어 있는 원료의 구성비에 따라 핫 팩의 온도 변화가 어떻게 달라질지 예상해 보고 그 이유를 설명해 보자.

(2) 핫 팩의 온도 변화에 영향을 주는 요인에 대한 가설을 세우고 실험을 설계한 다음 수행한다.

(3) 실험 결과를 분석하여 과정 (3)의 가설을 검증하고, 나타난 현상을 과학적 원리와 개념으로 설명해 보자.

(4) 자신이 세운 가설이 옳다면, 자신의 주장에 대한 근거를 더 확보할 수 있는 실험을 설계하여 수행한다.

(5) 만약 실험 결과가 자신이 세운 가설을 지지하지 않으면, 가설을 수정하거나 새로운 가설을 세운다. 수정하거나 새로 세운 가설을 검증하기 위한 실험을 설계하여 수행한다.

생각해 보기

1. 물에 세제를 녹일 때와 황산마그네슘을 녹일 때, 차이가 나타나는 이유는 무엇인가?

2. 우리 주변에서 열을 내는 화학 반응에는 어떤 것들이 있는가? 열을 흡수하는 반응을 생각할 수 있는가?

3. 아세트산나트륨 70 g을 사용해서 만든 손난로가 최대한 낼 수 있는 열량은 얼마인가?

4. 액체로 된 손난로는 여러 번 반복해 쓸 수 있는데 비해, 가루 물질로 된 핫 팩은 한 번 밖에 사용하지 못하는 이유는 무엇일까?

06 탐구활동보고서

핫 팩 만들기

탐구 일시	
학 과	
학 번	
이 름	

활동 1 | 물질이 반응할 때 열의 출입 알아보기

(1) 가루물질을 물에 녹인 후 지퍼 백을 만졌을 때 느낌은 어떠한가?

- 세탁 세제 :
- 황산마그네슘 :

(2) 어떤 가루가 물에서 에너지를 방출하는가? 어떤 가루가 물에서 에너지를 흡수하는가?

(3) 만약 물의 양을 다르게 해서 똑같은 방법으로 다시 실험한다면 어떤 일이 일어나겠는가? 온도가 변할까? 가루의 양을 다르게 하면 어떨까?

(4) 물에 세제를 녹이기 위해 에너지를 가하면 어떻게 될까? 황산마그네슘에도 에너지를 가하면 어떻게 될까?

〈절취선〉

활동 2 | 손난로를 만들어 보자.

(1) 손난로에서 어떤 변화를 관찰하였는가?

(2) 손난로에서 일어나는 변화로부터 물질의 상태에 따른 열에너지의 이동을 추론하여 보자.

활동 3 | 핫 팩의 온도 변화에 영향을 주는 요인

(1) 핫 팩에 들어 있는 원료의 구성비에 따라 핫 팩의 온도 변화가 어떻게 달라질지 예상해 보고 그 이유를 설명해 보자.

(2) 핫 팩의 온도 변화에 영향을 주는 요인에 대한 가설을 세우고 실험을 설계한 다음 수행한다.

(3) 실험 결과를 분석하여 과정 (3)의 가설을 검증하고, 나타난 현상을 과학적 원리와 개념으로 설명해 보자.

(4) 자신이 세운 가설이 옳다면, 자신의 주장에 대한 근거를 더 확보할 수 있는 실험을 설계하여 수행한다.

(5) 만약 실험 결과가 자신이 세운 가설을 지지하지 않으면, 가설을 수정하거나 새로운 가설을 세운다. 수정하거나 새로 세운 가설을 검증하기 위한 실험을 설계하여 수행한다.

〈절취선〉

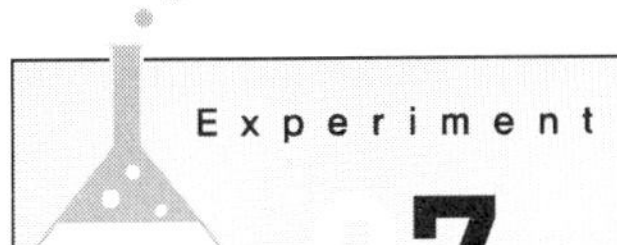

Experiment 7 전자레인지의 과학

가정이나 가게에서 음식물을 가열하거나 냉동 제품을 해동하기 위하여 많이 사용하는 전자레인지에서는 파장이 12 cm정도 되는 마이크로파가 발생한다. 전자레인지에서 발생시키는 마이크로파는 식품에 포함된 물 분자의 회전 운동을 활발하게 하며, 그 결과 온도가 높아져, 식품이 뜨거워지거나 익는 원리가 숨겨져 있다. 어떻게 마이크로파가 물 분자의 회전 운동을 활발하게 할 수 있을까?

이 활동에서는 전자레인지의 원리를 중심으로 전자기파의 특성, 분자의 극성 등의 과학 개념을 이해하고, 여러 가지 가열 방식에 따라 음식이 익는 과정을 비교하기 위하여 어떻게 과학적인 방법으로 실험을 설계할 수 있는가에 대하여 논의할 것이다. 이 과정을 통하여 실험설계 능력과 실험수행 능력 또한 배양될 수 있을 것이다.

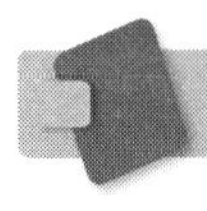

기본원리

1. 전자레인지의 원리

전자레인지에서 방출되는 전자기파는 파장이 약 12 cm 정도인 마이크로파이다. 이런 전자기파를 물 분자에 쪼여 주면 식품에 포함된 극성 분자인 물 분자는 마이크로파의 에너지를 흡수해 격렬하게 회전 운동을 하면서 온도가 높아진다. 그러면 물 분자 주위의 다른 성분 물질로 열에너지가 전도되어 식품 전체의 온도가 올라가면서 데워지게 된다. 그러나 유리, 도자기, 플라스틱은 마이크로파를 흡수하지 못하고 통과시킨다. 가스레인지나 전기 오븐은 식품의 표면부터 가열하지만 전자레인지는 식품을 동시에 골고루 가열하므로 조리 시간을 절약해 준다. 따라서 비타민 같은 영양분의 파괴가 상대적으로 적고 음식물이 타지 않는 장점을 지닌다. 다만, 은박지나 금속 식기류는 마이크로파를 반사하기 때문에 가열되지 않을 뿐더러 끝이 날카로운 금속에서는 마이크로파가 집중되어 스파크까지 일어날 수 있으므로 주의해야 한다.

2. 전자기파

전자레인지의 뒷면에 있는 제품에 대한 설명을 보면 모든 전자레인지는 2450 MHz의 진동수(주파수)를 가지는 전자기파를 사용하고 있음을 알 수 있다. 전자기파는 그림 7-1과 같은 파동의 특징을 가지고 있다. 파동은 파장과 진폭에 따라 성질이 달라지며, 전자기파는 빛의 속도와 같은 3.0×10^8 m/초의 속도로 공간을 움직인다. 빈 공간을 통해 움직이는 전자기파의 속도(c), 진동수(ν), 파장(λ) 사이의 관계는 다음과 같다.

$$\nu = \frac{c}{\lambda}$$

그리고 전자기파의 에너지는 진동수에 비례하고, 파장에 반비례한다. 여기서 비례 상수 h는 플랭크 상수라고 하며 6.626×10^{-34} J · 초이다.

$$E = h\nu = h\frac{c}{\lambda}$$

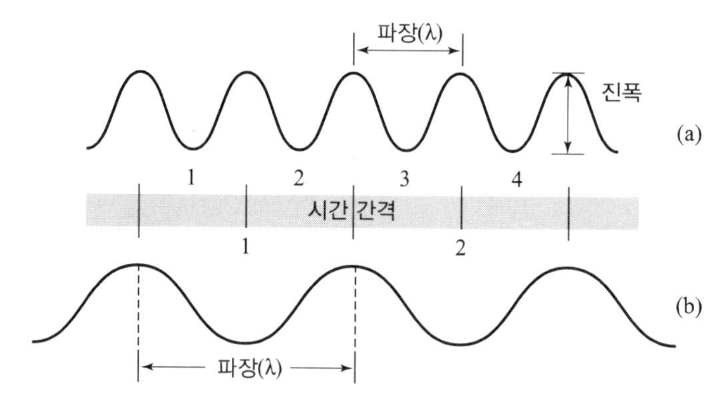

에너지가 더 많은 푸른 빛은 파장이 짧고(a),
에너지가 더 적은 붉은 빛은 파장이 길다(b).

| 그림 7-1 | 에너지가 다른 빛의 파동 비교

전자기파는 그림 7-2와 같이 파장 또는 진동수에 따라 다른 이름으로 불린다. 가시광선을 중심으로 파장이 보라색보다 짧은 전자기파를 자외선, X선, 감마선이라고 부른다. 가시광선의 붉은색보다 파장이 긴 전자기파를 적외선, 마이크로파, 라디오파라고 부른다. 전자레인지에서 사용하는 전자기파는 마이크로파에 해당한다.

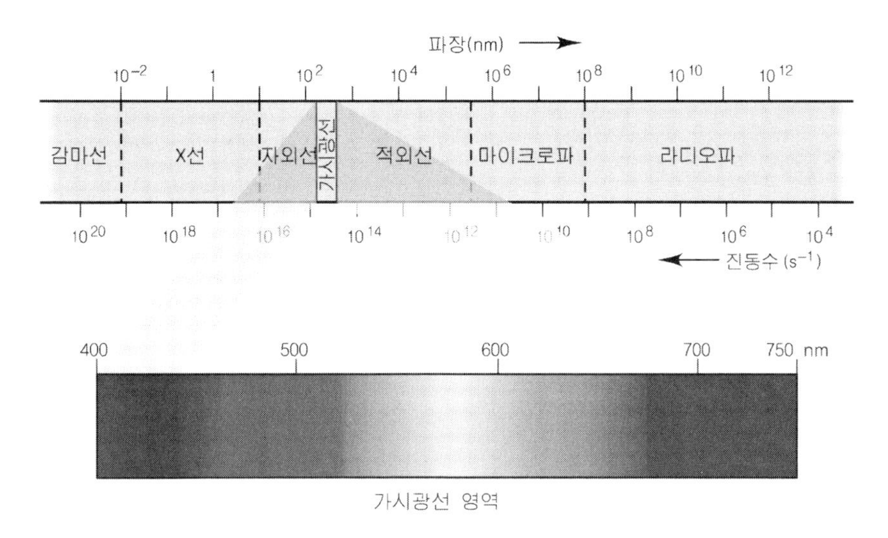

| 그림 7-2 | 전자기파의 종류

3. 결합의 극성

공유 결합은 비금속 원자가 전자를 서로 공유하는 결합이다. 그러나 주기율표에서의 위치에 따라 전자를 얻어 음이온이 되려는 성질이 서로 다르므로 어떤 원자가 서로 전자를 공유하느냐에 따라 결합의 극성은 달라진다.

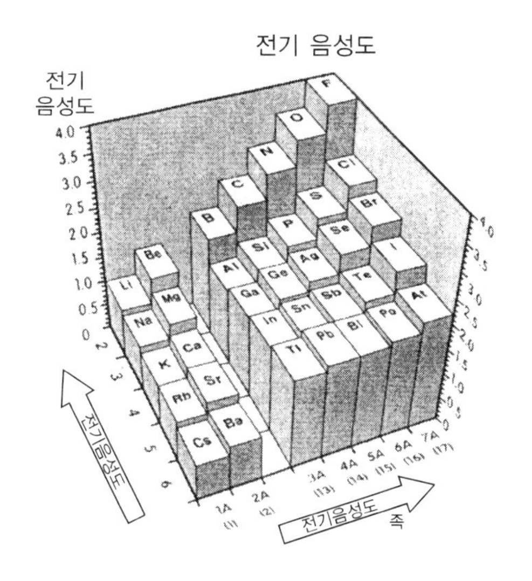

| 그림 7-3 | 전기 음성도의 경향성

산소(O_2)나 수소(H_2)와 같이 전기 음성도의 크기가 같은 두 원자가 전자를 공유할 때는 결합에 참여한 전자를 균등하게 공유한다. 그러나 HCl와 같이 서로 다른 원자가 공유 결합을 형성하

는 경우에는 결합하는 두 원자가 전자를 끌어당기는 정도가 다르기 때문에 전자를 균등하게 공유하기 어렵다. 이와 같이 공유 전자쌍이 균등하게 분포하는 결합을 무극성 결합, 공유 전자쌍이 한 쪽 원자로 더 많이 끌려 불균등하게 분포하는 결합을 극성 결합이라고 한다.

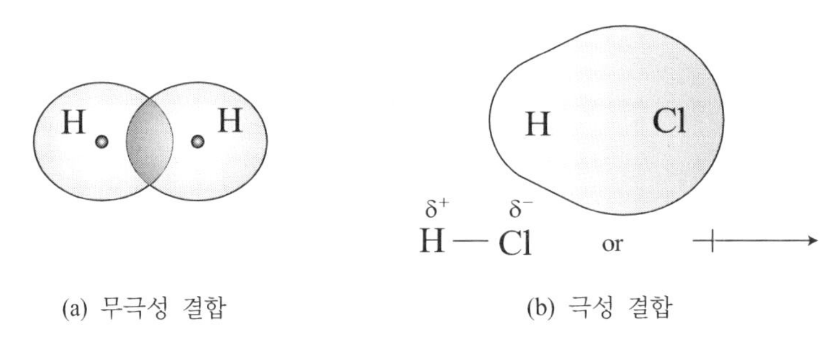

| 그림 7-4 | 무극성 결합과 극성 결합

공유 결합이 극성을 띤다는 것은 공유 전자를 세게 잡아당기는 원자 주위에는 약한 '음성의 극'이, 전자를 덜 잡아당기는 원자 주위에는 약한 '양성의 극'이 생긴다는 뜻이다. 극성 공유 결합의 두 원자에서 생기는 부분 전하는 그리스 문자 δ(델타)에 '+'나 '−' 부호를 덧붙여 결합의 양쪽에 δ^+와 δ^-로 나타낸다.

4. 분자의 극성

앞에서 두 원자 사이의 결합의 극성에 대하여 알아보았다. 그렇다면 두 개 이상의 원자가 결합하여 형성된 공유 결합 분자의 경우에 분자의 전기적 성질이 어떻게 될까? 공유 결합 분자 중에는 대전체와 같은 전기장에 영향을 받는 분자와 전기장의 영향을 받지 않는 분자가 있다. 이를 각각 극성 분자, 무극성 분자라고 한다.

결합의 극성을 논의할 때에는 공유 결합을 하고 있는 두 원자 사이의 전기 음성도의 차이가 어떠한가에 초점이 맞추어져 있지만, 분자의 극성을 논의할 때에는 분자를 구성하는 각 원자의 결합의 극성을 모두 고려하여야 한다. 따라서 무극성 결합만 있는 분자는 무극성 분자이지만, 극성 결합을 포함하고 있는 경우에는 단순히 분자의 극성을 판단할 수 없다. 그림 7-5와 같이 이산화탄소와 물분자는 모두 극성 결합을 가지고 있지만, 이산화탄소는 무극성 분자, 물은 극성 분자로 분류되므로 분자의 극성을 판단하려면 결합의 극성 이외의 다른 요인을 생각해야 한다. 이산화탄소

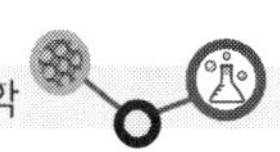

는 탄소와 산소 사이에 극성 결합이 두 개 있지만, 그 구조가 직선형이므로 크기가 같고 방향이 정반대인 두 결합은 극성은 상쇄되어 분자 전체로서는 극성을 띠지 않는 무극성 분자가 된다. 그러나 물 분자와 같이 그 구조가 굽은형이면 산소와 수소 사이의 결합의 극성이 상쇄되지 않고, 분자 전체로 산소 쪽이 부분적으로 (−)전하를 수소 쪽이 부분적으로 (+) 전하를 띠는 극성이 존재하므로 극성 분자가 된다. 이와 같이 분자의 극성을 결정하는 요인은 결합의 극성과 함께 분자의 모양도 관련이 있는 것을 알 수 있다.

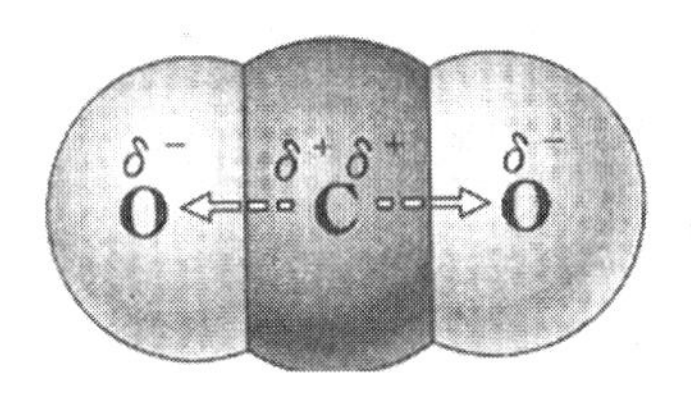

(a) 무극성 분자 (b) 극성 분자

| 그림 7-5 | 무극성 분자(CO_2)와 극성 분자(H_2O)

준비물

재료 고구마, 아이보리 비누(오래되지 않은 것)
풍선, 식용유, 에탄올, 증류수
백열전구, 형광등(○모양), 알루미늄 호일
샤프심, 철솜, 숯, 종이, 부탄가스

기구 전자레인지
휴대용 가스버너 또는 전열기
냄비 또는 코펠, 도가니집게, 면장갑
스포이트 3개, 비커, 플라스틱 제품, 칼(과도)

탐구활동

활동 1 가열 방식에 따른 익힌 고구마의 비교

(1) 고구마를 다음과 같이 두 가지 방식으로 익히면서 시간에 따른 변화를 비교하자. 실험하기 전에 조원들이 서로 토의하여 가열 방식을 비교하기 위한 탐구를 설계하고 수행한다.

방식 1 : 전자레인지를 이용하여 고구마를 익힌다.

방식 2 : 끓는 물에 고구마를 넣고 익힌다.

같은 크기로 자른 고구마 8조각

(2) 위의 두 가지 가열 방식의 차이에 따른 고구마의 상태를 비교하여 설명한다.

끓는 물에 4조각, 전자레인지에 4조각을 넣는다.

활동 2 비누 조각의 변화

(1) 전자레인지에 작은 비누 조각을 넣고 가열하면서 그 변화를 관찰한다.

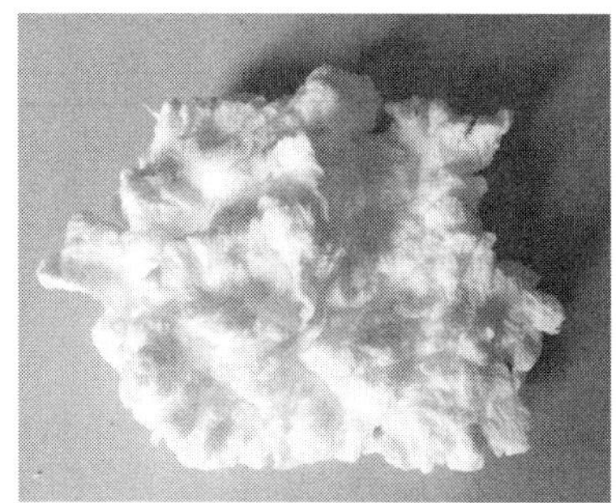

(2) 비누 조각에서 나타난 현상의 원인에 대하여 토의해보자.

활동 3 고무풍선의 변화

(1) 물을 넣은 풍선과 아무 것도 들어 있지 않은 풍선을 전자레인지에 넣고 어떤 변화가 일어나는지 관찰하자.

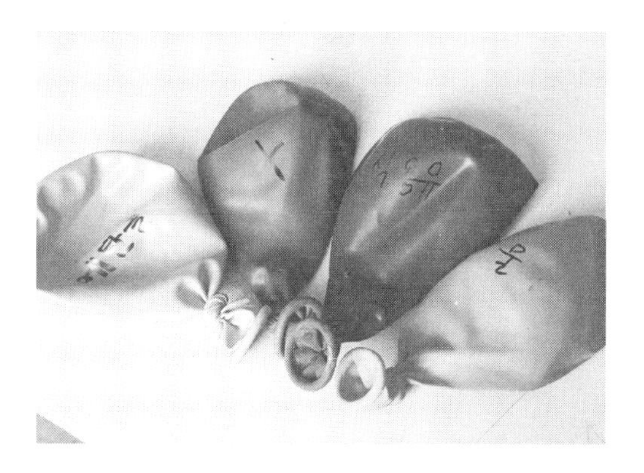

(2) 물 대신 알코올과 식용유를 이용하여 과정 (1)과 같이 실험하자. 알코올은 인화성이 있으므로 화재에 주의한다.

활동 4 전자기파의 영향을 받는 또 다른 물질들

(1) 다음과 같이 우리 주변에서 구할 수 있는 물질 중에서 전자레인지의 영향을 받는 물질을 조사하여 보자.

> 백열전구, 형광등, 알루미늄 호일, 종이, 샤프심, 플라스틱 제품, 칼, 숯, 철솜 등 우리 주변에서 구할 수 있는 물체들

(2) 전자레인지에 의해 영향을 받는 물체는 무엇이며, 그 물체는 어떤 변화를 보이는가?

(3) 전자레인지에 의해 영향을 받는 물체와 그렇지 않은 물체를 구분하고, 전자레인지에 영향을 받는 물체의 공통점이나 특징에 대하여 설명하라.

생각해 보기

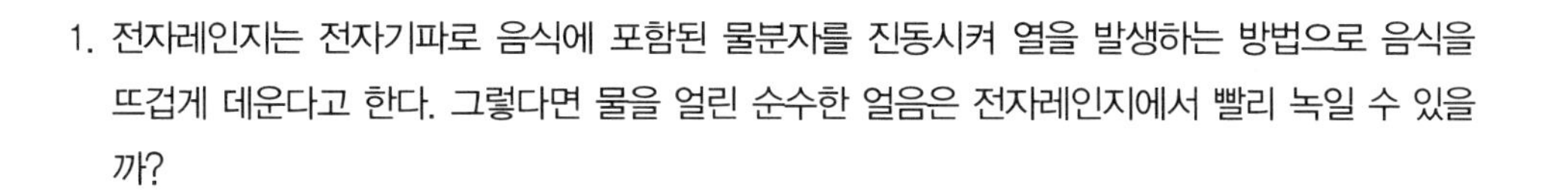

1. 전자레인지는 전자기파로 음식에 포함된 물분자를 진동시켜 열을 발생하는 방법으로 음식을 뜨겁게 데운다고 한다. 그렇다면 물을 얼린 순수한 얼음은 전자레인지에서 빨리 녹일 수 있을까?

2. 전자레인지를 바르게 사용하는 방법에 대해 정리하여 보자.

3. 우리 생활 주변에서 발생하는 전자기파가 인체에 어떤 영향을 줄 수 있는지 토의하여 보자.

4. '극성 결합을 포함하는 분자는 극성 분자다.' 라는 주장에 대하여 각자의 의견을 발표해 보자.

07 탐구활동보고서

전자레인지의 과학

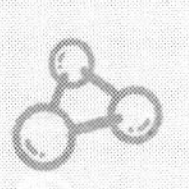

탐구 일시	
학　과	
학　번	
이　름	

활동 1 가열 방식에 따른 익힌 고구마의 비교

(1) 가열 방식에 따른 차이를 비교하기 위한 실험 설계

(2) 실험 수행 결과 및 해석

활동 2 비누 조각의 변화

(1) 전자레인지에 작은 비누 조각을 넣고 가열할 때의 변화

(2) 비누 조각에서 나타난 현상의 원인

활동 3 고무풍선의 변화

활동 4 전자기파의 영향을 받는 또 다른 물질들

(1) 전자레인지에 넣었을 때의 변화

물 체	물체에 나타나는 현상
백열전구	
형광등	
알루미늄 호일	
종이	
샤프심	
플라스틱 제품	
칼	
숯	
철솜	
기타 주변에서 구할 수 있는 물체	

(2) 전자레인지에 의해 영향을 받는 물체와 그렇지 않은 물체를 구분하고, 전자레인지에 영향을 받는 물체의 공통점이나 특징에 대하여 설명하여라.

〈절취선〉

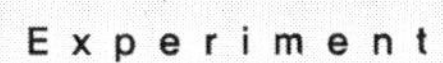

Experiment 8 분자 요리

오른쪽 사진은 토마토에 캐비아를 올린 음식이다. 그런데 이 캐비아는 실제 캐비아가 아니라 에스프레소 캐비아이다. 에스프레소 캐비아는 모양은 캐비아와 같지만 실제 캐비아가 아니라 에스프레소를 이용하여 캐비아 모양과 똑같게 만든 것으로 씹으면 진짜 캐비아처럼 톡톡 터지는 느낌까지 있다. 이것은 분자 요리의 대표적인 예이다. 분자요리는 음식 재료의 질감이나 조직을 물리, 화학적인 방법으로 분석해서 재료들을 조합시켜서 기존에 전혀 없었던 새로운 맛을 창조하는 요리의 한 방법이다. 이러한 분자 요리에 대하여 알아보자.

기본원리

1. 분자 요리의 의미

분자 요리학 또는 분자 미식학은 음식의 질감과 조직, 요리과정을 과학적으로 분석해 새로운 맛과 질감을 개발하는 활동을 말한다. 분자 요리학은 조리과정 중 물리적, 화학적으로 일어나는 변화를 탐구하는 것으로, 과학적 측면 뿐만 아니라 예술적, 그리고 기술적 측면을 모두 고려하고 있다. 분자요리학은 비교적 최근에 생긴 개념으로, 1988년 프랑스의 화학자 에르베 티스와 헝가리의 물리학자 니콜라스 쿠르티가 요리의 물리, 화학적 측면에 대한 연구를 하던 중에 이 분야에 적합한 이름을 짓는 과정에서 '분자 물리 요리학'(Molecular and Physical Gastronomy)이 탄생하였다. 이후 좀더 간결한 용어인 '분자 요리학'(Molecular gastronomy)이라는 단어를 사용하게 되었고 이를 통해 창출된 요리를 '분자 요리'라고 한다.

분자 요리학은 재료를 끓이고 굽고 삶고 튀기는 과정에서 일어나는 물질들의 물리적, 화학적 반응을 탐구하여 음식을 만드는 것으로 '음식을 분자 단위까지 철저하게 연구하고 분석한다'고 해서 분자 요리라고 지칭하게 되었다. 분자요리는 요리 재료의 질감이나 조직을 물리적 및 화학적인 방법으로 분석하여 새로운 방법으로 재료들을 조합시켜서 기존에 없었던 새로운 맛을 창조하는 요리의 한 방법이다. 분자요리는 요리 재료와 식품 첨가물, 그리고 조리법의 과학적 특성을 이용해서 요리 재료 본연의 형태를 변형하는 과정을 통하여 음식의 식감과 맛을 더 좋게 할 수 있다.

2. 분자 요리의 방법

(1) 진공 저온 조리법(low temperature-vacuum technique)

흔히 '수비드(Sous Vide)'라고 하는 방법으로 단백질 변성의 원리를 이요하여 개발된 조리법이다. 진공 포장을 하여 60°C 정도의 물에서 천천히 조리하는 '수비드'는 음식의 맛과 향을 최대한 살리면서 영양분을 보존할 수 있는 방법으로, 수비드 기법으로 익힌 스테이크는 고급 레스토랑의 단골 메뉴라고 한다. 물은 100°C에서 끓지만 음식 재료들은 그 이하의 온도에서 익는다는 것을 이용하여, 플라스틱으로 된 용기 속에 재료를 넣고 진공포장을 한 뒤 끓는 점 아래 대략 60°C 정도에서 천천히 장시간 조리한다. 이를 통해 재료의 맛과 향, 그리고 부드러운 촉감을 최대한 살릴 수 있는 장점이 있다.

(2) 구형화 기법(spherification)

구형화 기법은 알긴산 나트륨과 같은 알긴산염과 칼슘 이온이 반응하면 젤리와 같이 굳어지는 성질을 이용하는 조리 방법이다. 과일주스 등에 알긴산염을 넣고 주사기나 스포이트를 이용하여 이 이용을 젖산칼슘나 염화칼슘 수용액에 떨어뜨려서 동그란 생선알처럼 만드는 방법이다.

(3) 탄산화기법

드라이아이스를 이용해 재료를 탄산화시키는 방법으로, 드라이아이스를 물속에서 이산화탄소 기체로 변화시켜 물에 녹는 과정을 이용한다. 과일의 수분이 있는 재료를 드라이아이스와 접촉시켜서 재료에 탄산을 넣어 새로운 요리를 만드는 방법이다.

(4) 거품추출법

거품은 액체나 고체 속에서 기체 방울이 형성되어 있는 상태이다. 거품추출법으로 유화제나 교질화제(gelling agent), 아산화질소가 들어있는 고압 통에 재료를 넣어 거품소스를 만들어 내는 방법이다. 그 외에도 재료 액체에 레시틴을 넣고 블랜더로 갈면 거품이 생기기도 한다.

3. 알긴산나트륨과 염화칼슘을 이용한 구형화 방법의 원리

구형화 기법에 주로 사용되는 재료는 알긴산 나트륨과 염화칼슘이다. 알긴산은 미역이나 다시마와 같은 해조류에 포함되어 있는 섬유질 성분으로, 물에 녹으면 미끈한 성질을 나타낸다. 알긴산의 화학식은 $(C_6H_8O_6)_n$이며 만루론산(M) 블록, 글루론산(G) 블록으로 이루어진 블록공중합체이다. 알긴산 나트륨은 알긴산과 나트륨이 결합한 경우로, 알긴산은 물에 녹지 않지만 알긴산 나트륨은 물에 녹는다. 그리고 알긴산나트륨을 물에 녹이면 점성이 매우 큰 용액을 만들 수 있다.

일반적으로 나트륨염은 비교적 용해가 잘 되지만 칼슘염은 물에 잘 녹지 않는다. 따라서 물에 녹았던 알긴산 나트륨은 염화칼슘 수용액에서 알긴산칼슘염이 되어 물에 녹지 않는 겔 상태가 되면서 단단한 구형이 형성된다. 이와 같은 원리로 염화칼슘 수용액에서 알긴산칼슘염이 형성되어 물에 녹지 않는 겔 상태의 막이 생긴다. 그리고, 염화칼슘과 만나지 않은 알긴산나트륨의 안쪽은 그대로 액체 상태로 존재하여 캡슐 형태가 만들어 지는 것이다. 이 반응의 화학반응식은 다음과 같다.

$$(C_6H_7O_6Na)_{2n} + (CaCl_2)_n \rightarrow [(C_6H_7O_6)_2Ca]n + (NaCl)_{2n}$$

이 과정을 구조식으로 도식화하면 다음과 같다.

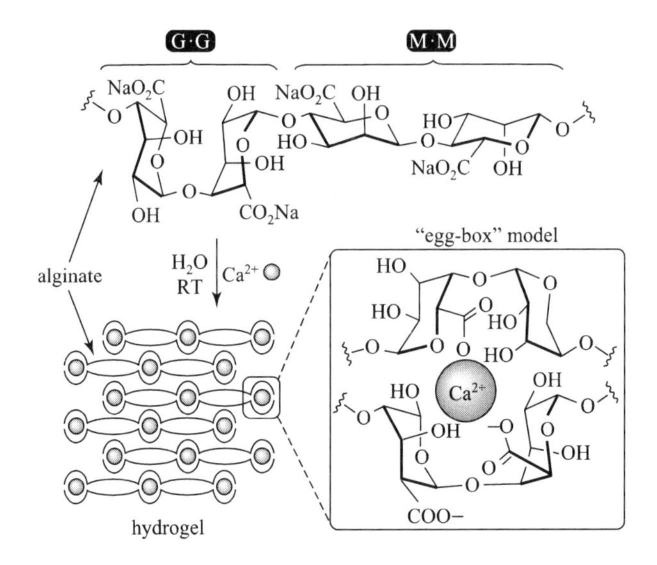

| 그림 8-1 | 알긴산나트륨과 염화칼슘의 반응을 통한 구형화 기법

[출처] POSTEC 2015 가을호 기획특집2 식품과학의 세계: 우리가 분자요리를 주목하는 까닭

준비물

- **재료** 알긴산나트륨, 구연산나트륨, 염화칼슘, 색깔있는 음료수(망고쥬스, 파워에이드 등), 붉은 양배추, pH1-pH12 용액,
- **기구** 약포지, 일회용 숟가락, 스포이트, 커피 막대, 100mL 플라스틱컵, 종이컵, 전자 저울, 뜰체, 250mL 비커, 24홈판, 일회용 종이접시, 가열장치, 사과주스, 블렌더, 믹싱볼

탐구활동

활동 1 알긴산나트륨을 이용한 캡슐 만들기

(1) 알긴산나트륨 1 g, 구연산나트륨 0.8 g을 망고주스 50 mL에 넣고 섞는다.

(2) 걸죽한 젤 형태가 될 때까지 잘 저어준다.

(3) 5%의 염화칼슘 용액을 100 mL를 만든다.

(4) 스포이트로 (1)의 용액을 빨아올려 (3)용액에 천천히 한 방울씩 넣는다.

(5) 젤리반응이 일어날 때까지 2 ~ 3분 정도 관찰한 후 뜰채로 건지고 찬물에 헹궈 담는다.

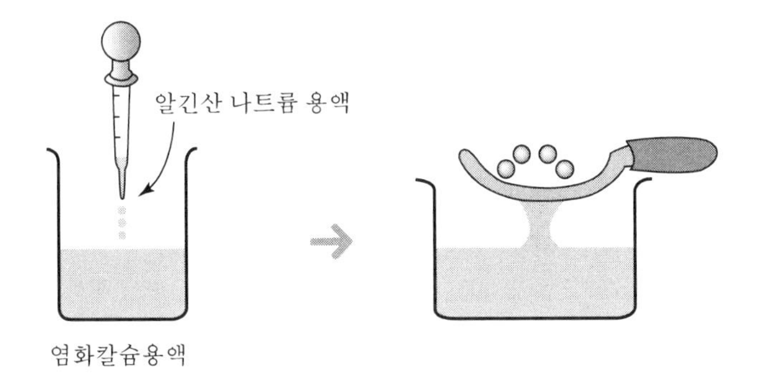

활동 2 양배추지시약을 이용하여 캡슐 만들기

(1) 붉은 양배추 잎을 잘게 잘라 250 mL 비커에 물을 넣고 푹 삶아 용액을 진하게 만든다.

(2) 붉은 양배추 잎은 걸러내고 즙만 비커에 따른다.

(3) 붉은 양배추즙 100 mL에 알긴산나트륨 2 g을 넣고 잘 젓는다.

(4) 5%의 염화칼슘 수용액 100 mL를 만든다.

(5) 스포이트로 과정 (1)의 용액을 5% 이상의 염화칼슘 수용액에 떨어뜨려 캡슐을 만든다.

(6) 생성된 카멜레온 캡슐을 체로 걸러낸다.

(7) 24홈판에 pH1-pH12 용액을 반정도 넣고, 여기에 양배추지시약-알긴산 나트륨 캡슐을 넣는다.

(8) 시험관에 넣은 카멜레온 캡슐에 어떤 변화가 일어나는지를 관찰한다.

활동 3 분자요리 작품 만들기

활동 1과 활동 2를 활용하여 다양한 색깔의 캡슐을 만들어 아름다운 분자요리 작품을 만들어 보자.

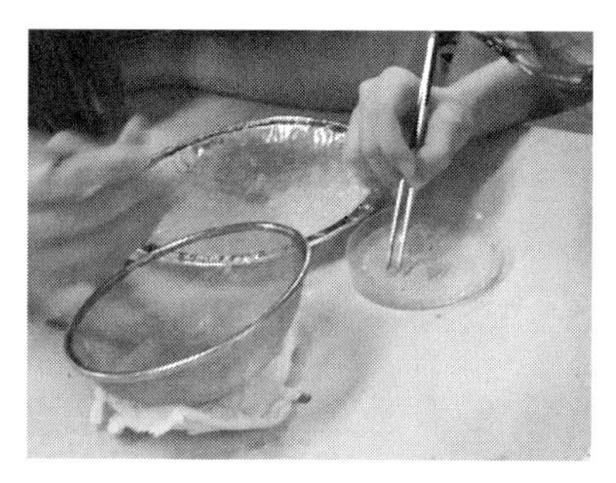

활동 4 거품추출법을 이용한 맥주

(1) 사과주스를 커다란 그릇에 담는다.

(2) 커다란 그릇에 옮겨 담은 사과주스에 레시틴을 넣는다.

(3) 블렌더를 이용해서 풍성한 거품을 만든다.

(4) 주스를 투명한 컵에 따르고 만들어진 거품을 숟가락을 이용하여 골고루 얹어준다.

08 탐구활동보고서

분자 요리

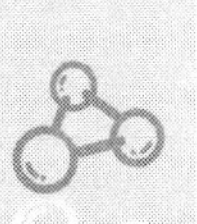

탐구 일시	
학 과	
학 번	
이 름	

활동 1에서 활동 3까지 수행한 결과를 사진으로 찍어 보고서에 붙여보자.

활동 1 알긴산나트륨을 이용한 캡슐 만들기

활동 2 양배추지시약을 이용하여 캡슐 만들기

〈절취선〉

활동 3 분자요리 작품 만들기

Experiment

9 천연염색

우리 민족은 유달리 백색을 선호한 민족이면서도 한복에 적용된 색상을 보면 그 다양하기가 이를 데 없다. 특히 요즘은 외래문화의 반대 심리로 전통 문화에 대한 관심이 날로 증가하고 있는데 어릴 적 담장 밑에 피었던 봉숭아로 손톱을 빨갛게 물들였던 기억을 되살려 자연에서 얻은 천연색으로 나에게 어울리는 손수건을 만들어 보면 어떨까? 이 활동에서는 자연에서 얻은 물질인 홍화와 소목을 가지고 염색을 하면서 색의 원리, 염료, 염색의 원리 등을 알아보는 탐구를 수행한다.

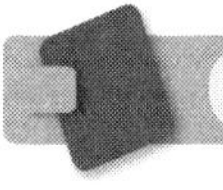

기본원리

1. 색의 원리

아름다운 꽃이나 나뭇잎은 손으로 문질러 보면 색이 묻어난다. 그 이유는 식물이 특정한 가시광선 영역의 빛을 흡수하는 색소 분자를 가지고 있기 때문이다. 이것이 가시광선 영역의 빛을 흡수하게 되면 나머지 반사 또는 투과된 빛에 의해 특정한 색을 띠게 된다. 나뭇잎에 들어 있는 엽록소의 일종인 클로로필 분자는 파란색과 붉은색의 빛은 흡수하고, 나머지 빛인 초록과 노랑 빛은 반사하게 된다. 따라서 우리 눈에는 초록색으로 보인다.

마찬가지로 만일 어떤 사람이 검정 옷을 입고 있다면 그것은 옷에 있는 염료 분자가 가시광선 영역의 빛을 대부분 흡수하기 때문이고, 흰색으로 보인다면 가시광선을 흡수하는 염료

| 그림 9-1 | 엽록소 a인 클로로필 분자

분자가 없기 때문에 가시광선을 대부분 반사하기 때문이라고 할 수 있다. 따라서 일반적으로 우리 눈은 염료분자가 흡수하는 색의 반대색을 보게 된다. 이러한 관계를 실제로 흡수하는 빛과 관찰되는 빛은 보색관계에 있다.

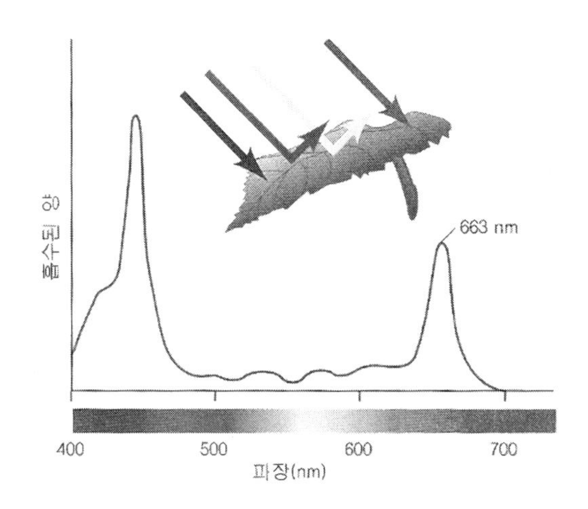

| 그림 9-2 | 클로로필의 가시광선 흡수 스펙트럼

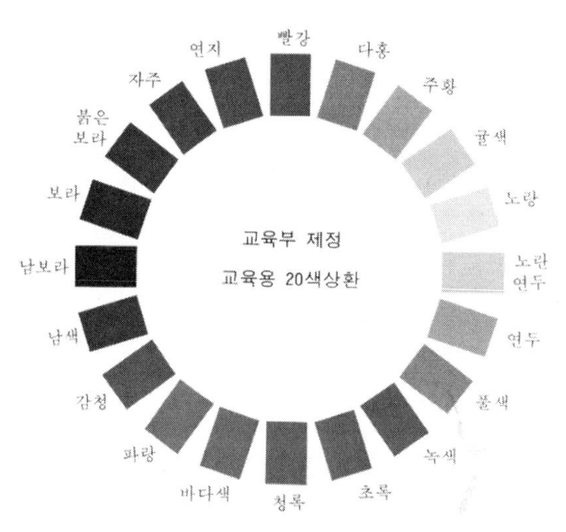

|그림 9-3| 보색 관계표

2. 염료의 역사

요즘엔 모두 색깔이 현란한 옷을 입고 다니지만 이것은 화학의 발달 덕분이라고 할 수 있다. 예전에는 특수 계층만이 값비싼 천연 염료로 물들인 옷을 입는 혜택을 누렸지만 그나마도 색상이 요즘같이 선명하지 못하고 우중충했다.

역사에 남아 있는 가장 오래된 본격적인 염료는 「인디고」라는 것이다. 4천 년 전의 이집트 왕실 무덤에서 인디고로 물들인 옷을 입은 미라가 발굴된 적이 있다. 그러나 이런 천연 염료는 매우 귀중했기 때문에 일반인들은 사용할 수 없었다. 고대 로마인들은 지중해 지역 특산의 달팽이가 분비하는 맑은 액체를 효소로 처리해서 '로열 퍼플'이라는 짙은 보라색 염료를 만들었다. 로열 퍼플은 왕립 공장에서만 만들 수 있었고 다른 곳에서 이 염료를 만들면 사형에 처해졌다고 한다. 전체를 로열 퍼플로 물들인 옷을 입을 수 있는 사람은 왕이나 감찰관 또는 승전 장군 뿐이었다. 무려 1만 2천 마리의 달팽이를 잡으면 겨우 1.4 g의 염료를 얻을 수 있었다고 하니, 극소수의 치장을 위해서 얼마나 많은 달팽이가 희생되었는지는 쉽게 짐작할 수 있을 것이다. 그 후 교역이 활발해짐에 따라 따뜻한 지역에서 자라는 인디고페라 속(屬)의 향료 식물에서도 비슷한 염료를 얻게 되어서 더 많은 사람들이 염색된 옷을 입을 수 있게 되었다.

최초의 합성염료는 런던의 왕립대학에서 조수로 일하던 윌리엄 헨리 퍼킨(William Henrry Perkin : 1838~1907)에 의해 발명되었다. 그는 18세 때 우연히 그는 아닐린을 산화시켜 백색 고체 물질인 키니네를 만들려다가 실패하고 거무스름한 물질을 얻게 되었다. 그는 여기서 자줏빛 물질을 추출했는데 이 물질이 비단을 염색하는 데 아주 좋다는 사실을 발견하고 퍼킨은 특허를 신청한 뒤, 아버지와 형제를 설득해 염료를 생산하게 되었다. 이것이 모브(mauve)로 알려진 염료인데, 퇴색하기 쉬운 점 등 염료로서의 가치가 낮지만 모브의 합성은 오늘날의 염료공업의 출발점이 된 점에서 의의가 크다.

19세기 후반에는 달팽이나 인디고 식물에서 얻어지는 염료의 주성분이 인디고 분자라는 사실이 밝혀졌다. 이후 독일 화학자들이 인디고를 인공적으로 합성하는 방법을 알아냈다. 이를 계기로 급속도로 발전한 염료 화학 덕분에 색이 다양한 인공 염료 합성법이 일반화되어 이제는 누구나 아름다운 색으로 물들여진 옷을 입게 된 것이다.

최근 합성연료 염색물의 인체의 유해성, 염색 과정에서 오는 중금속에 의한 폐수처리 등의 문제점을 극복하기 위해 천연염료에 다시 관심이 모아지고 있다. 그래서 직접 천연염색을 배우고 체험해 볼 수 있는 교육 프로그램도 많이 생겨나고 있다.

자연의 색이 인공적인 염료로 만든 색에 비해 연하고 선명하지는 않지만 자연을 닮은 우리 인간에게 가장 잘 어울리는 색일 것이다.

3. 자연재료를 이용한 천연염색

(1) 자연에서 얻는 천연염료

천연염료는 대부분이 식물염료로서 고등식물의 뿌리, 잎, 줄기, 꽃 및 열매 등에 함유된 색소로서 수천 여 종에 이른다. 국내 식물염료 자원은 대부분이 전국적으로 분포되어 있으며 일부 몇 종을 제외하고는 대다수의 염료자원은 우리주변에서 손쉽게 수집 될 수 있는 것으로서 색상 별로 대표적인 것을 보면 자색 및 주홍색계로는 꼭두서니, 자초, 청록색 계로는 쪽, 쑥, 회화나무, 자귀나무, 황색계로는 자귀나무, 황벽 나무, 치자, 양파껍질, 아기 똥풀, 느티나무 등 황갈색계로는 떡갈나무, 소나무, 낙엽송, 소라쟁이, 상수리나무, 밤나무, 호두나무 등이 있으며 또한 국내 시장에서 한약재로서 구입하기가 용이한 홍화, 소목 및 오배자 등이 있다.

- 홍화 : '잇꽃'이라고도 불림, 노란색과 붉은색을 둘 다 얻을 수 있지만 주로 붉은 색을 얻는 데 쓰임, 한번 물들이면 그 색이 오래도록 바라지 않아서 붉은 색을 내는 염료 중에 최고

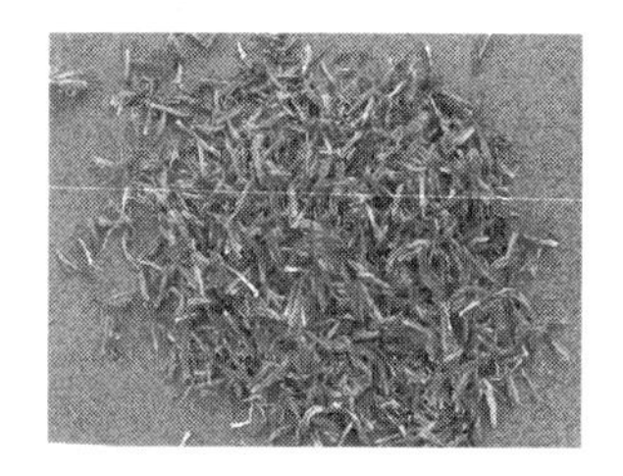

홍화 식물과 염료로서의 홍화 꽃잎

소목 나무와 염료로서의 소목 줄기

| 그림 9-4 | 홍화와 소목

- 소목 : 콩과에 속하는 상록 교목, 우리나라에서는 나지 않는 나무, 소방목 또는 소방, 주목, 홍자, 단목, 목홍 등으로도 불림, 말레이시아가 원산지, Brazilein이라는 색소가 들어있는 심재를 이용하여 염색

(2) 염액 추출

자연식물의 풀, 잎, 나무 껍질(과피), 목재, 열매, 뿌리, 꽃 등을 이용하여 색소를 추출한 액을 염액이라고 한다. 보통 용기에 추출 재료와 물을 넣고 100°C에서 강한 불로 끓을 때까지 끓인 후 약한 불로 20분~4시간 동안 끓인 후 고운체 또는 망사체로 걸러내면 1차 염액이 얻어진다. 1차 염액이 얻어진 후 염재를 다시 끓이면 색소가 우러나오므로 체에 남은 염재를 1차 추출할 때와 마찬가지로 행하면 2차 염액이 얻어진다. 3회 추출은 2회 추출과 같이 마찬가지로 반복 추출하면 된다. 이와 같은 방법으로 1~3회 추출하여 얻은 염액을 혼합하면 최종 염액이 얻어진다.

(3) 매염

염료만으로 염색이 되는 것은 아니다. 보통 천연염료에는 식물섬유에 친화력이 없어 물에 녹지 않는 착색물질의 침전을 형성하기 때문에 섬유에 색을 더 잘 입히기 위하여 백반, 잿물, 과일즙 등과 같은 물질을 이용하여 매염(媒染)을 한다. 매염의 순서에 따라 다양한 매염방법이 있다. 염착농도는 일반적으로 '선 매염'이 높고, 균염성은 '후 매염'이 우수하다. 염료재료에 따라 선 매염과 후 매염이 다른 색상을 나타낼 수도 있다.

1) 매염제

매염제는 염색 전후에 피염물(천)에 처리하여 발색(發色)(색이 나게 하는 역할), 흡착(섬유에 염료를 붙이는 역할)과 고착(固着)(섬유에 붙은 염료가 떨어지지 않게 하는 역할)을 위하여 진행되는 매염(媒染)에 사용되는 물질을 말한다. 이런 매염제는 금속과 산으로 된 금속염의 형태로서, 색소와 매염제가 만나면 매염제의 금속이 색소와 결합하여 색상을 띠고 견뢰도가 우수해 진다. 매염제를 과도하게 사용하면 섬유의 손상과 변색의 원인이 되기도 한다. 또한 매염과정에서 금속물질은 섬유의 물성 변화를 줄 수 있다. 그러므로 염색의 마지막 단계에서 수세(水洗)를 철저히 하여 잔유물을 완전히 제거해야 한다. 그리고 주의할 사항으로는 이러한 매염제들을

사용할 때에는 용기를 식용용기와 달리하여 사용해야 하며 매염 후 용액들을 분리 수거하여 처리해야한다.

2) 매염 방법

① 선매염

염색하기 전에 적당한 매염제로 피염물을 먼저 매염하는 것을 말한다. 대부분의 염재는 선매염을 하지 않는데, 대개 섬유와 염료 사이에 직접적인 결합력이 없을 때 선매염을 한다. 자초염색은 옛날부터 잿물을 사용하여 선매염 처리한 후 오미자즙이나 식초 등을 이용하여 후매염하여 발색하였다. 일반적으로 염색 시 선매염 처리한 후 염색한 직물은 얼룩이 지기 쉽기 때문에 후매염 방법을 하여 염색한다.

② 후매염

색소를 염착시킨 후에 매염제로 처리하는 것으로서 주로 발색과 고착을 목적으로 한다. 여기에서 발색이라는 것은 앞에서 설명한 바와 같이 주로 색소분자와 매염제인 금속 이온과의 배위결합에 따른 색조 변화이며, 동시에 고착에 의한 안정화(일광 및 세탁에 의한 견뢰도 증가)도 일어난다. 선매염에 비하여 염료가 섬유내부까지 침투할 수 있으므로 견뢰도가 비교적 양호한 편이고 직물에 얼룩질 가능성이 적다.

③ 복합매염 또는 동시매염

염색 중에 매염제를 함께 가하는 것인데, 금속 이온은 색소와 결합하여 염욕 중에 침전되므로 천연염료인 경우에는 별로 이용되지 않는다. 먹물염색에 이 방법을 이용하기도 한다.

|여러 가지 매염방법|

무 매염법	매염제의 처리 없이 곧바로 섬유에 염색
선 매염법	미리 섬유에 흡착시키고 여기에 염료를 붙이는 방법
동시 매염법	염료에 매염제를 동시에 섞어서 염색하는 방법
후 매염법	섬유에 염료를 흡착시킨 후 매염제로 발색시키는 방법

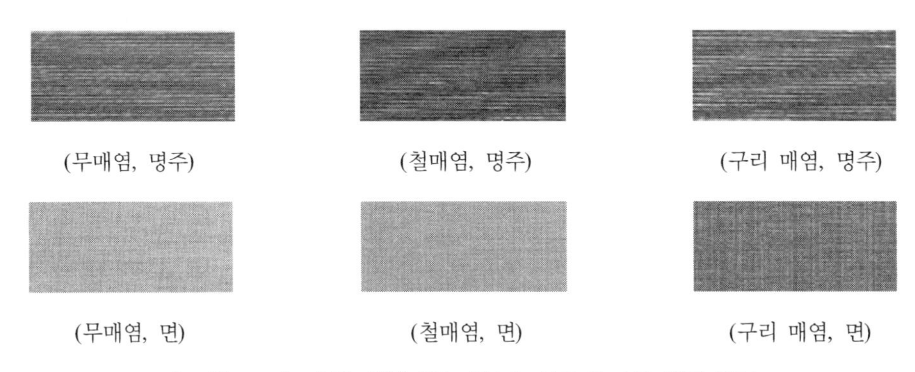

| 그림 9-5 | 홍화 염색에서 매염제, 섬유에 따른 색의 차이

3) 매염제의 종류와 색

① 철매염제

철매염은 염색된 섬유를 전반적으로 짙은 갈색, 흑색, 회색 등 어두운 색조로 바꾸어 놓는다. 요즘 시판되는 것으로 황산제일철(iron sulphate; $FeSO_4 \cdot 7H_2O$), 염화제일철(ferric chloride; $FeCl_2 \cdot H_2O$), 목초산철(iron acetate; CH_3COO_3Fe)이 있다. 황산제일철과 염화제일철은 가루로 되어 있어서 섬유 중량의 3% 정도를 더운 물에 녹여 사용한다. 매염제에서 떨어져 나온 산이 섬유를 상하게 하거나 변퇴색의 원인이 될 수 있으므로 헹구기에 각별히 주의해야 한다.

② 동(구리)매염제

구리 매염제는 염색된 섬유에 녹색을 띠게 하고 일광견뢰도를 높여 준다. 시판의 매염제로는 초산동(copper acetate; $(CH_3COO)_2CuH_2O$)이나 황산동(copper sulphate; $CuSO_4 \cdot 5H_2O$)이 있으나, 황산동은 독극물이므로 가급적 사용하지 않는다. 초산동은 녹황색 가루로서 섬유 중량의 3%를 더운 물에 녹여 사용한다. 구리는 독성이 있어 사용 후에는 반드시 폐수처리 하여야 한다.

③ 알루미늄매염제

알루미늄매염제는 전통적으로 널리 이용되어 온 안전한 매염제로서 전반적으로 색상을 밝게 해준다. 시판되는 알루미늄매염제로는 초산알루미늄(aluminum acetate; $Al(CH_2COO)_3$)과 염화알루미늄($AlCl_3 \cdot 6H_2O$)이 있다. 보다 쉽게 구할 수 있는 것으로는 명반($KAl(SO_4)_2 \cdot 12H_2O$; potassium aluminum sulphate)과 소명반($K_2SO_4Al_2(SO_4)_3$)이 있다. 명반은 봉숭아물 들일 때 사용되는 것으로 약국에서 구할 수 있으며, 소명반은 명반 대용으로 쓰이는 류산계 화합물로 생명반, 카리명반이라고도 한다. 이들은 물에 잘 녹지 않으므로 소량의 물에 넣어 투명해지도록 끓인 다음 적량의 물을 추가해 사용한다. 염색 후 산이 남아 변색할 수 있으므로 헹구기를 철저히 한다.

④ 알칼리매염제

알칼리 매염제로서 많이 쓰이는 것은 생석회(calcium oxide, CaO)나 소석회(calcium hydroxide, $Ca(OH)_2$)와 같은 석회 매염제 이다. 면이나 마를 흑갈색 또는 짙은 갈색으로 염색할 때 주로 쓰인다. 생석회는 물에 잘 섞어서 녹인 다음 막을 제거 하고 상층액만 사용한다. 소석회는 쪽 염료 추출 시 없어서는 안되는 것으로 오래되지 않은 신선한 것을 사용하여야 한다. 그 밖에 알칼리 매염제로서 탄산칼륨(potassium carbonate, K_2CO_3)은 볏짚에 가장 가까운 알칼리로 잿물의 알칼리도가 낮은 경우에 보충하는 의미로 소량 가하여 사용한다.

(4) 수세 및 건조

수세는 견딤성이 우수한 염색과 선명한 색상을 위하여 염색과 매염 후에 반드시 필요한 공정이다. 매염 후에 수세가 잘 안되었을 경우에는 반복 염색액의 매염액에 매염제가 탈락되어 염액의 색소와 매염제가 결합되기 때문에 염색 후 충분히 수세 후에 반복염색을 하여야 한다. 건조시킬 때는 견직물이나 모직물인 경우 주름이 없도록 하여 그늘에서 건조한다.

(5) 염색의 과정

염료 추출　　매염제 첨가　　염색　　건조

준비물

재료 홍화 10 g, 소목 20 g,
염색용 면(20×20 cm^2) 4장
주머니용 면(20×20 cm^2) 1장
탄산칼륨 1 g, 백반 1 g, 아세트산, 증류수
비닐 장갑 2켤레, 약포지, 고무밴드 1

기구 수조(작은 것), 비커(200 mL) 4개
알코올램프, 삼발이, 철망, 가스점화기
전자저울, 드라이어(또는 다리미) 1개
딱풀, 가위 2개, 유리 막대 2개
스포이트, 약숟가락, 목장갑 1켤레

탐구활동

활동 1 홍화로 노랑물감 들이기

(1) 염료 식물로 홍화 약 10 g을 면에 싸서 고무줄로 묶어 주머니처럼 만든다.

(2) 수조에 물을 약 200 mL 넣고 여기에 홍화 주머니를 담가 손으로 주물러 노랑 염료를 추출해 낸다.

(※ 찬물을 사용해도 되지만 미지근한 물을 사용하면 더 쉽게 노랑 염료를 추출 할 수 있다.)

(3) 추출된 노랑 색소에 염색할 천을 넣어 염색한다.

(4) 염색이 되면 천을 꺼낸 다음 말린다.

활동 2 홍화로 분홍물감 들이기

(1) 분홍 물감을 들이기 위하여 흐르는 수돗물에 홍화 주머니를 대고 주물러 노랑 색소를 완전히 빼내어야 한다. 노랑물을 뺀 주머니를 준비한다.

(2) 수조에 1% 탄산칼륨(K_2CO_3) 수용액 200 mL를 넣고, 여기에 홍화 주머니를 넣어 주물러 준다.

(※ 비닐 장갑을 착용하여 손을 보호한다.)

(3) 홍화의 붉은 색소가 추출되어 주황색처럼 보이기 시작하면 진한 아세트산을 붉은 색이 생길 때까지 조금 넣고 잘 젓는다.

(4) 이 용액에 천을 넣어 분홍색을 물들인다.

(※ 염료의 농도에 따라 다른 색이 염색될 수 있다.)

(5) 천을 몸에 착용하기 위해서는 말린 후 맑은 물에 빨아 유해한 물질들을 씻어 내어야 한다.

활동 3 소목으로 주황물감 들이기

(1) 소목 10 g을 200 mL의 물에 넣고 가열한다.

(2) 붉은 색이 추출되면 용액만 조심스럽게 따라낸다.

(3) 면을 넣어 염색한 뒤 염색된 천은 손으로 직접 만지거나 바닥에 놓으면 불순물과 반응해 변색되므로 반드시 비닐장갑을 끼고 건조시킨다.

활동 4 소목으로 빨강물감 들이기

(1) 소목 용액에 천을 담그기 전에 백반을 이용하여 선매염을 거친다.

(2) 백반 용액은 약 1%로 준비한다. 백반을 물에 넣고 살짝 가열하여 완전히 녹으면 천을 담가 주물러 충분히 스며들도록 한다.

- 비닐장갑 착용

(3) 매염을 하는 동안 소목 10 g를 물에 가열하여 붉은 색을 추출한다.

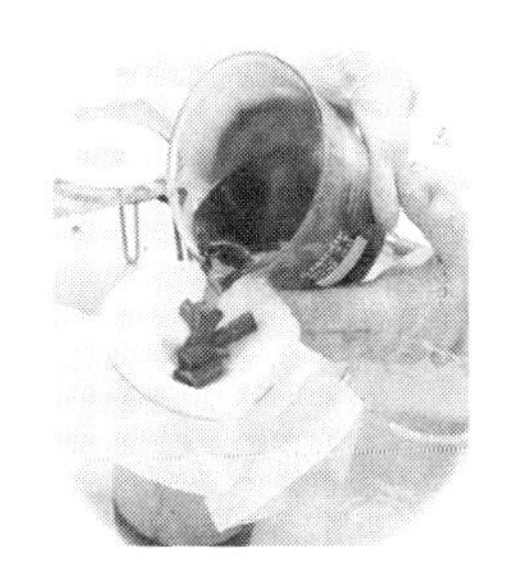

(4) 매염을 마친 천을 꺼내어 다시 소목을 끓인 물에 넣고 잘 주물러 염료가 골고루 스며들도록 한다.

1. 매염제에 따라 염료의 색이 달라지는 이유는 무엇일까?

2. 백반의 화학식을 써보고, 백반의 성질과 다양한 용도에 대하여 조사해 보자.

3. % 용액은 질량 백분율과 부피 백분율 등으로 구분할 수 있다. 각각을 정의하고, 일상생활에서 사용되는 예를 찾아보자.

4. 천연염색이 가능한 다른 물질을 조사해 보자.

09 탐구활동보고서

천연염색

탐구 일시	
학　과	
학　번	
이　름	

〈절취선〉

활동 1 / 활동2 홍화로 염색하기

(1) 홍화에 들어 있는 염료의 종류는 최소한 몇 가지 이상인가?

(2) 1%의 탄산칼륨을 만드는 방법을 기록해 보자.

(3) 홍화를 물에 주물렀을 때의 용액의 색, 노랑물을 뺀 홍화 주머니를 1% 탄산칼륨에서 주물렀을 때의 용액의 색, 아세트산을 넣었을 때의 색을 비교하여 관찰한 후 기록하자.

(4) 탄산칼륨, 아세트산의 역할은 무엇인가?

활동 3 / 활동4 소목으로 염색하기

(1) 1% 백반 용액을 만드는 방법을 기록해 보자.

(2) 백반에 미리 천을 담구어 선매염을 한 것과 하지 않은 것은 어떤 차이가 있는가?

■ 나만의 작품 만들기

(1) 염색된 천을 말린 후 잘라 아래에 붙여보자.

홍화	노랑물감	분홍물감
소목	주황물감	빨강물감

(2) 다양한 색으로 천을 염색하여 나만의 작품을 만들어 보자.

〈절취선〉

Experiment

10 천연지시약 만들기

산과 염기의 액성을 판단할 때나 중화반응에서 지시약을 자주 사용한다. 실험실에서 흔히 사용하는 지시약은 페놀프탈레인 용액, 리트머스 용액, BTB 용액, 메틸오렌지 용액 등이 있다.

산-염기 지시약은 담겨있는 물질의 산성도에 따라 자신의 색깔을 변화시킴으로써 그 물질이 어떤 특성(산성, 중성, 염기성)을 지니는가를 구분해주는 물질을 말한다. 산 염기 지시약은 일반적으로 거대한 유기 분자로서 그 자체가 약산 또는 약염기로써 지시약을 포함한 용액의 산성도나 염기성도가 급격히 변하는 종말점 근처에서 급격히 색이 변한다. 종말점을 알아내는데 적절한 지시약의 선택은 pH 범위에 의존한다. 또한 지시약은 산 또는 염기와 반응하는 화합물로 용액의 액성에 따라 눈에 띄는 색을 나타내는 물질이다. 특히 적은 양의 레몬주스를 한 컵의 차에 넣으면 차의 색깔이 갈색에서 엷은 노란색을 띤다. 이러한 변화는 레몬주스의 엷은 색깔과 무관하며 주스가 포함하는 시트르산에 의해 pH가 감소함에 따라 일어나게 된다. 이러한 산은 차에서 색깔을 변화시키는 천연의 지시약으로 작용한다. 과일, 야채, 꽃 등에 존재하는 많은 성분들이 pH의 변화와 함께 색을 변화함으로써 pH 지시약으로 이용할 수 있다. 여기서는 천연 지시약을 만들어서 산과 염기의 액성을 알아본다.

기본원리

1. 지시약과 산염기

(1) pH

우리 주변의 물질을 구별할 수 있는 방법은 여러 가지가 있다. 색깔, 맛, 냄새 등을 이용하여 우리는 용액의 몇 가지 성질을 파악하고 구분할 수 있다. 그러나 많은 용액을 서로 성질을 다르면서도 이러한 겉보기 성질로는 구분이 되지 않는 경우가 많다. 그 대표적인 것이 액성이다.

우리 주변의 용액의 액성은 크게 산성, 중성, 염기성으로 구분될 수 있다. 어떤 용액의 산도 또는 염기도는 H^+의 농도로 나타낼 수 있으며, 이를 위해서 우리는 pH(power of the hydrogen ion: 수소 이온의 세기) 값을 사용한다. 용액의 pH 값은 pH meter를 사용하여 쉽게 측정할 수 있지만 우리는 정확한 pH값을 기기를 통하여 측정하지 않더라도 지시약을 사용하여 용액의 액성을 쉽게 알 수 있다.

용액의 산성이나 염기성의 세기를 비교하기 위해 사용하는 값으로 수소이온농도 지수(세기)이다.

$$\mathrm{pH} = -\log[\mathrm{H}^+]$$

pH가 7보다 작으면 산성이고 산성이 강할수록 pH값은 점점 작아진다. pH가 7보다 크면 염기성이고 염기성이 강할수록 pH값은 커진다.

(2) 지시약

지시약(indicator)은 상당히 좁은 pH 영역에 걸쳐 그 색이 현저하게 변하는 가용성 염료이다. 전형적인 지시약은 그 짝염기와는 다른 색을 가지는 유기 약산이다. 예를 들어 리트머스는 산성형에서 짝염기로 바뀜에 따라 적색에서 청색으로 변한다. 좋은 지시약일수록 강한 색을 띄어서 시험 용액에 묽은 지시약 용액 몇 방울만 넣으면 색깔의 변화를 쉽게 관찰할 수 있다. 그리고 이처럼 낮은 농도의 지시약 분자들은 용액의 pH에 거의 영향을 미치지 않는다.

지시약의 색깔이 당량점에서 변화하는 원리와 이유를 이해하기 위해서는 평형 원리에 대해 이해해야 한다. 만약 어떤 지시약의 산성형을 HIn, 그 짝염기의 형을 In^-이라 할 때 그것의 산염기 평형은

$$\mathrm{HIn(aq)} + \mathrm{H_2O(l)} \rightleftarrows \mathrm{H_3O^+(aq)} + \mathrm{In^-(aq)}$$

$$K_\mathrm{a} = \frac{[\mathrm{H_3O^+}][\mathrm{In^-}]}{[\mathrm{HIn}]}$$

여기서 K_a는 산 이온화 상수이다. 이것을 다시 정리하면

$$\frac{[\mathrm{H_3O^+}]}{K_\mathrm{a}} = \frac{[\mathrm{HIn}]}{[\mathrm{In^-}]}$$

로 된다. 만약 $[H_3O^+]$가 K_a 보다 상대적으로 크면, 이 비율은 크게 되며, 따라서 $[HIn]$이 $[In^-]$에 비하여 클 것이다. 이때의 용액은 대부분의 지시약 분자가 산성형이기 때문에 지시약의 산성형 색을 띤다. $[H_3O^+]$이 감소함에 따라 산성형의 지시약 분자는 더 많이 이온화하여 염기성형으로 된다. $[H_3O^+]$가 K_a에 가까워지면 지시약의 두 형태가 거의 같은 양으로 존재하여 색상은 두 지시약 색의 혼합색이 된다. $[H_3O^+]$가 K_a 보다 훨씬 적을 정도까지 감소하면 염기성형이 더 많아져서 염기성형의 색이 관찰된다. 여러 다른 지시약들은 K_a 값이 다르며 따라서 다른 pH값에서 색상의 변화를 보인다.

(3) 여러 지시약의 변색 범위

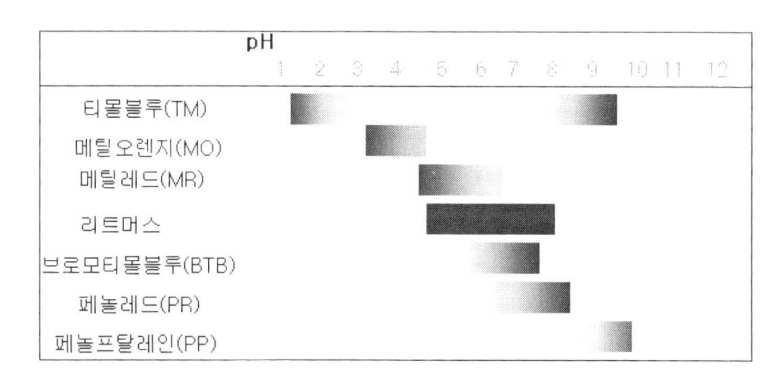

| 그림 10-1 | 여러 가지 지시약의 색변화

지시약	산성쪽 색	변색범위(pH)	염기성쪽 색
Methyl Orange	적색	3.1 ~4.4	황색
Methyl Red	적색	4.2 ~ 6.3	황색
Phenol Red	황색	6.8 ~ 8.4	적색
Bromo Phenol Blue	황색	3.0 ~ 4.6	청색
Phenol Phthalein	무색	8.3 ~ 10.0	적색
Bromo Thymol Blue	황색	6.2 ~ 7.6	청색
Litmus	적색	6.0 ~ 8.2	청색
Thymol Blue	적색	1.2 ~ 2.8	황색
Thymol Phthalein	무색	9.3 ~ 10.5	청색
Methyl Yellow	적색	2.9 ~ 4.1	황색
Bromo Cresol Green	황색	3.8 ~ 5.4	청색

2. 꽃잎이 지시약 역할을 할 수 있는 이유

장미, 나팔꽃, 팬지, 칸나와 같이 색깔이 짙은 꽃들은 대부분 pH에 따라 색깔이 변하는 지시약 역할을 할 수 있다. 이와 같이 꽃잎이 지시약 역할을 할 수 있는 이유는 무엇일까?

붉은 양배추나 장미꽃잎 속에 들어있는 지시약의 성분은 안토시아닌(Antocyanins)이라는 물질로, 산성에서 붉은색, 염기성에서 푸른색을 띤다. 안토시아닌이라는 이름은 anthos(= flower) + cyan(blue)에서 유래하였고, 식물 속에 들어있는 대부분의 pH에 예민한 붉은 색소, 파란 색소, 보라색 색소는 물에 잘 녹는 안토시아닌으로 쉽게 추출될 수 있다. 전형적인 안토시아닌은 산성에서는 빨강, 중성에서는 보라색, 염기성에서는 파란색이 된다. 파란 수레 국화, 브루고뉴 달리아, 붉은 장미는 모두 같은 안토시아닌을 가지고 있지만, 액즙의 산성은 다르다. 많은 흰 꽃들은 안토시아닌을 가지고 있는데, 염기로 처리하면 노란색이 된다. 식물 추출액에서 나타나는 녹색은 파란 안토시아닌과 노란색의 안토시아닌 색소가 결합한 효과이다.

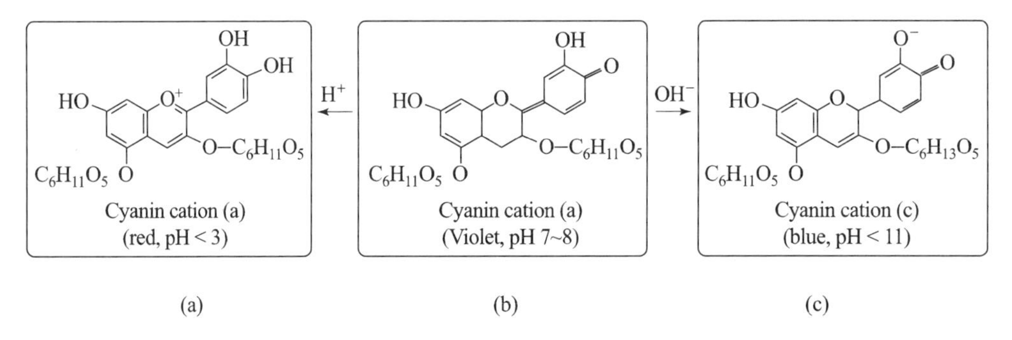

| 그림 10-2 | pH에 따른 안토시아닌의 구조

안토시아닌은 여러 다른 pH 조건하에서 아래와 같이 그 구조가 변한다. 붉은 양배추를 즙을 내고 물로 희석시킨 뒤 산을 가하면, 양성자의 이동이 생기면서 붉은색의 <구조 a>로 된다. 여기에 염기가 첨가되면 수소이온이 사라지면서 파란색을 띠는 <구조 c>로 바뀌게 된다. 안토시아닌이 색을 나타내는 것과 관련된 구조는 3 ~ 4개뿐이다. 그런데, 안토시아닌의 색변화는 이 3 ~ 4개의 구조가 모두 가역적이기 때문에, 색을 내거나 색이 없는 종 사이의 평형에 의해 나타난다. 복잡한 평형이 두 색깔을 가진 종 사이에 빠르게 형성되어 우리에게 색이 보이는 것이다. 이러한 모든 과정이 가역적이라서 pH를 달리 하면서 여러 가지 색을 볼 수 있게 되는 것이다.

흰 장미꽃 속에도 역시 지시약성분인 안토시아닌 색소가 들어있기 때문에, 염기성 물질이 닿으면 노란색 계통으로 변화한다. 또한 과일과 채소를 가지고 천연지시약을 만들 수 있고 만든 천연지시약으로 생활 속 여러 물품을 산과 염기로 구분할 수 있다.

준비물

재료 붉은 양배추, 포도껍질
pH별(1~12) 완충용액, pH 시험지, 거름종이, 거즈
스포츠음료, 사이다, 우유, 주방용세제, 샴푸, 린스
1% 염화칼슘용액, 알긴산나트륨
0.1 M 염산용액, 0.1 M 수산화나트륨용액
국수, 식초, 베이킹 파우더, 일회용접시, 부탄가스, 한지, 얇은 철사

기구 휴대용 가스버너 또는 가열장치, 냄비
24홈판, 스포이트병(1개조당 14개), 유성펜
비커(250 mL, 100 mL), 스포이트, 페트리 접시
투명 종이컵, 눈금실린더, 유리막대, 가위, 분무기(2개), 드라이기(1조당 1대),
일회용 스포이드

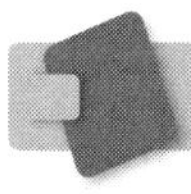

탐구활동

활동 1 pH에 따른 지시약의 변화

(1) 붉은 양배추를 잘게 잘라 250 mL 비커에 1/4 정도 넣고 100 mL 정도 물을 넣고 가열한다.

(2) 양배추를 건져내고 용액의 색이 짙은 자주색이 될 때까지 끓인 후 식힌다.

(3) 이 액체를 건더기가 들어가지 않게 스포이트 병에 담는다.

(4) 포도 껍질로 과정 (1)~(3)을 반복하여 천연지시약을 만든다.

(5) SSC 실험에서 사용하는 24홈판을 준비하여 pH별 완충 용액을 두 줄로 떨

어뜨린 뒤, 두 종류의 지시약을 홈에 차례로 떨어뜨려 변화를 관찰한다.

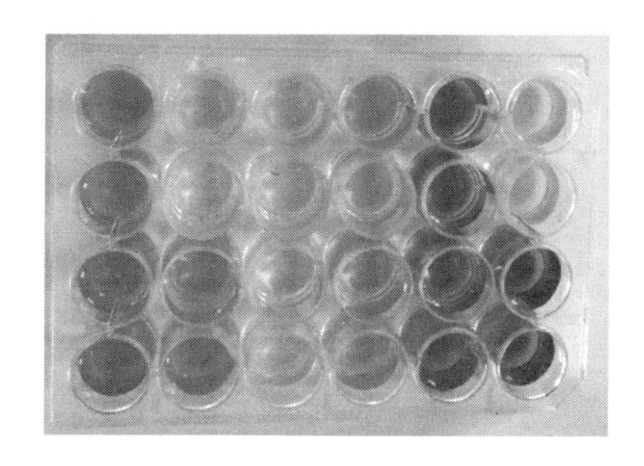

활동 2 여러 가지 용액의 액성

(1) 성질을 알고자 하는 여러 가지 물질을 24홈판에 한 칸씩 넣는다.

(2) 활동(1)에서 만든 용액 속에 거름종이를 넣었다가 꺼내 말려서 천연지시약 종이를 만든다.

(3) 각각의 용액을 유리 막대를 이용하여 천연 지시약 종이에 대어 본다.

(4) 천연지시약 종이에 나타나는 색깔을 위에서 만든 표준 용액에서의 색깔과 비교하여 용액의 액성을 조사한다.

(5) 물질을 pH 시험지에도 대어 보아 위에서 조사한 액성과 차이가 없는지 확인한다.

활동 3 색깔 국수 만들기

(1) 국수, 베이킹파우더, 물, 붉은 양배추, 식초를 준비한다.

(2) 붉은 양배추를 잘라서 물에 넣고 보라색이 우러날 때까지 끓인다.

(3) 양배추만 체로 걸러내고 뜨거운 물에 국수를 넣고 익을 때까지 끓인다.

(4) 국수에 색이 잘 배면 건져내는데, 찬물에는 씻지 않고 식힌다.

(5) 여러 개 그릇에 나누어 준비된 식초, 베이킹파우더 등을 넣어 다양한 색깔의 국수를 만들어 보자.

활동 4 지시약 꽃 만들기

(1) 10 cm×10 cm로 자른 한지 8장을 붉은 양배추 즙에 넣어 염색한다.

(2) 드라이기로 한지를 말린다.

(3) 말린 한지 4장을 겹쳐 부채모양으로 접은 뒤 중앙에 철사를 꽂아 고정시킨 후 꽃잎모양으로 예쁘게 다듬어 만든다.

(4) 분무기 또는 일회용 스포이트를 이용하여 다양한 용액을 뿌려서 지시약 꽃의 색변화를 관찰한다.

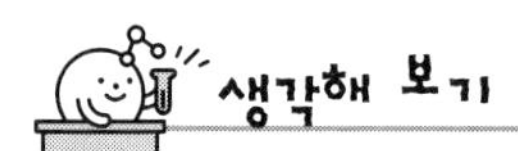

1. 3가지 이상 대표적인 지시약의 변색범위를 알아보라.

2. 천연지시약은 어떤 공통점이 있어서, 지시약으로 작용할 수 있는가?

3. 다른 방법으로 산과 염기의 액성을 구분할 수 있는 방법이 어떤 것들이 있을지 알아보자.

10 탐구활동보고서

천연지시약 만들기

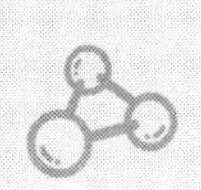

탐구 일시	
학　과	
학　번	
이　름	

활동 1 pH에 따른 지시약의 변화

(1) pH에 따른 붉은 양배추 천연지시약의 색변화를 기록하라(사진을 찍는 것이 좋다).

(2) pH에 따른 포도껍질 천연지시약의 색변화를 기록하라(사진을 찍는 것이 좋다).

활동 2 여러 가지 용액의 액성

(1) 천연지시약으로 다음 물질의 pH를 알아보자.

식초	스포츠 음료	사이다	우유	주방용 세제	샴푸	린스

〈절취선〉

활동 3 색깔 국수 만들기

(1) 재료에 다른 국수 색깔

(2) 색깔의 차이가 나는 이유

활동 4 지시약 꽃 만들기

(1) 나만의 작품을 만들어보자.

Experiment

11 주스 속의 비타민 C 검출

비타민 C는 질병과 건강유지를 위해서는 필수적인 유기화합물로서 사람의 체내에서는 합성되지 않아 식사로 소량 섭취해야 하고, 아스코르브산(ascorbic acid, $C_6H_8O_6$)이라고도 하는데 이것은 생체 내에서 대개 보조효소로 작용한다.

또한 비타민 C는 흰색의 결정체로서 식물이나 동물조직 모두에 존재한다. 대부분의 동물은 포도당이나 포도당과 관계있는 전구체에서 비타민 C를 합성할 수 있지만 인간과 원숭이류, 모르모트 등은 체내 합성이 되지 않아 음식물에서 섭취하여야 한다. 따라서 식물이 천연비타민 C의 공급원이고 신선한 감귤류, 각종과일, 파슬리, 양배추, 피망 같은 채소류에 많이 일부 가공된 저장과실 및 주스류에도 함유되어 있다. 식품 중에 비타민 C는 산화로 쉽게 파괴되고 산소와 철 등의 금속이 있을 때 혹은 고온에서 장기간 조리할 때도 파괴된다.

우리가 과일 주스를 마실 때 기대하는 것은 비타민 C의 섭취라고 볼 수 있다. 이들이 함유하는 비타민 C의 존재를 확인할 수 있는 방법은 무엇인지 알고 우리가 먹는 주스 속에 들어있는 비타민 C의 함량을 상대적으로 확인해본다.

이 실험에서는 요오드(Iodine, 아이오딘)의 환원에 의한 아스코르브산의 산화반응을 이용하여 시중에 유통되고 있는 주스 또는 음료수 속에 들어있는 비타민 C의 함량을 분석하고, 생화학적 환원제로서의 비타민 C의 역할을 체험한다. 또한 열에 의한 비타민 C의 파괴 정도를 실험을 통해 확인해본다.

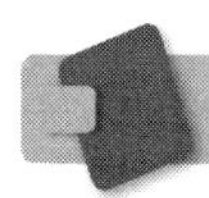

기본원리

비타민C의 화학적 성격을 살펴보면 L-ascorbic acid는 dehydro-L-ascorbic Acid 로 수소 두 분자를 잃고 쉽게 산화된다. 즉 비타민 C는 dehydroascorbic acid로 산화되면서 다른 물질을 환원시키는 환원제로 작용할 수 있는 물질이다.

HO OH H O O OH OH ⇌ $2e^- + 2H^+ +$ O O H O O OH OH

Ascorbic Acid
(환원형 Vitamin C)

Dehydroascorbic Acid
(산화형 Vitamin C)

항산화제인 비타민 C는 자기 스스로 산화됨으로 다른 물질의 산화를 막아 주는 강력한 환원력을 지닌 물질로서 항산화 작용을 갖고 있어 인체 내의 산화형 물질을 환원형으로 되돌려 산화를 방지한다.

비타민 C와 요오드의 산화, 환원반응을 이용하여 주스 또는 음료수 속의 비타민 C를 분석한다. 비타민 C의 존재확인은 요오드 용액을 이용하면 쉽게 알아낼 수 있다. 주스를 요오드를 사용하여 적정하면 I_2 에 의해 비타민 C가 산화된다. 즉 산화제인 요오드와 환원제인 비타민 C가 만나 비타민 C는 요오드와 빠르게 반응하면서 요오드는 환원되어 요오드이온으로 변한다.

$$C_6H_8O_6 + I_2 \rightarrow 2I^- + 2H^+ + C_6H_6O_6$$

이때 지시약으로 녹말용액을 사용하여 비타민 C와 반응하고 남은 I_2가 녹말과 반응하여 색을 띠게 함으로서 종말점을 찾는다. 반응 용기 속에 들어있던 비타민 C가 모두 소모되면 I_2는 I^-로 전환하지 못하고 반응 용기 중의 녹말 지시약과 반응하여 색이 나타난다.

비타민은 가끔은 용해도에 근거하여 분류된다. 이들은 물이나 지방에 용해된다. 비타민 A, D, E, K 비극성 분자이기 때문에 지방에 녹지만 물에는 녹지 않는다. 예를 들면, 비타민 A의 분자 구조는 비극성 탄화수소 사슬과 고리구조로 되어 있어서 비극성 기름이나 지방과 잘 섞인다. 수용성 비타민에는 8가지의 비타민 B군과 비타민 C가 있다. 비타민 C는 극성 분자가 물분자와 수소 결합을 형성하는 수산화기(−OH)를 가지고 있어서 물에 녹는 수용성 비타민이다.

비타민 C를 섭취하면 우리 몸에서 첫째, 괴혈병 치료와 예방에 도움을 주며 특히 동물의 콜라겐(collagen)을 합성하는데 필수적이어서 상처회복을 빠르게 한다. 우리 몸속의 조직과 조직 사이를 단단하게 해 주고 나아가 근육 등 몸의 구성 성분의 생성되는 것을 돕는다. 둘째, 침투하는 박테리아의 파괴를 도우며 바이러스의 세포내 침투를 막는 인터페론의 합성과 작용을 도와주고 세균에 저항할 수 있는 능력을 길러준다. 또한 약과 공해물질과 같은 독성물질의 나쁜 영향을 줄이는 데 관여한다. 감기, 인플루엔자, 각종 바이러스의 예방과 치료에 효과적이고 또한 철분의 흡수를 촉진하여 빈혈을 예방하는 작용을 한다. 따라서 감기에 걸렸을 때 평소보다 많은 비타민 C를 먹으면 감기를 앓는 기간도 짧아지고 기침, 재채기 등의 횟수도 줄어든다는 임상 실험결과가 나왔다. 비타민 C가 감기를 절대적으로 예방해 주지는 않지만 일단 감기에 걸리면 비타민 C를 충분히 먹는 것이 좋다. 셋째, 피로를 풀어준다. 스트레스를 받으면 몸 안에서는 스트레스성 피로를 감소시켜주는 아드레날린, 노르아드레날린 등의 호르몬이 나온다. 이런 호르몬이 만들어질 때 중요한 역할을 하는 것이 바로 비타민 C, 또한 근육을 움직이는 데 필요한 카르니틴을 만들 때도 비타민 C가 중요하게 쓰이기 때문에 부족하면서 몸이 쉽게 피곤해진다. 넷째, 혈관 속에 지방이 부패되는 것을 막아서 동맥경화증을 예방하고, 비타민C를 많이 먹어서 암이 낫거나 암 환자의 수명이 길어진다는 증거는 아직 부족하지만 충분히 섭취하면 암 예방에 좋다고 한다. 암에 걸리게 하는 물질 중 하나인 나이트로사민이 생기는 것을 막아 주기 때문이다. 나이트로사민은 햄, 소시지, 베이컨 등을 먹을 때 생기는 물질이므로 핫도그나 햄버거 등을 먹을 때는 비타민 C가 많은 과일 주스와 함께 먹도록 한다.

비타민 C가 부족하면 콜라겐 합성 과정이 차단되어 괴혈병의 전형적 증상인 출혈, 감염 및 뼈의 연화 등의 증상이 나타난다. 비타민 C의 성인 1일 권장량은 60 mg 정도이다. 그러나 이런 소량 섭취만으로도 괴혈병을 예방할 수 있다.

과다한 비타민C를 섭취하면 비타민은 소변으로 배설되어 버리므로 과잉되기가 쉽지 않으나 과잉(권장량의 10배 정도)했을 때는 설사를 하며 요도를 자극해 신장결석을 유발하기도 한다.

준비물

재료 요오드 용액, 1% 녹말용액
3종류 과일주스(오렌지주스, 당근주스, 토마토주스, 사과주스 등)

기구 비커, 눈금실린더, 삼각플라스크(100 mL)
스포이트, 시험관 3개, 시험관집게, 유리막대
뷰렛, 스탠드(뷰렛클램프), 가열기구

■ 1% 녹말 용액(지시약) 제조
0.5 g 수용성 녹말을 50 mL 증류수에 넣고 가열하면서 녹인다.

■ 요오드(Iodine) 용액 제조
약 3 g의 KI와 약 0.15 g KIO_3를 250 mL 용량 플라스크에 넣고 약간의 물로 녹인 다음 3M 황산용액 약 10 mL를 가하고, 증류수로 250 mL까지 채우고 잘 섞는다.

탐구활동

활동 1 주스 용액의 요오드적정

(1) 100 mL 삼각 플라스크에 3가지 주스 20 mL를 넣는다.
※ 색변화를 보기 위해서는 포도주스와 같이 색이 진한 것은 피하도록 한다.

(2) 1% 녹말용액을 10방울 정도 넣는다.

(3) 뷰렛에 요오드 표준용액을 넣고 플라스크 속의 용액을 잘 젖으면서 가해준다.

(4) 종말점(푸른색이 나올 때)까지 용액을 적정한다(푸른색이 보였을 경우 20초간 흔들어서 유지가 됐을 때 이를 종말점으로 한다).

(5) 플라스크 속의 용액의 색이 변하면 뷰렛의 눈금을 읽고 가해진 요오드 용액의 부피를 구한다.

(6) 같은 양의 과일 주스를 취하여 위의 실험을 반복하여 평균함량을 계산하

고, 각 요오드의 용액의 양을 비교한다.

활동 2 가열한 비타민 C 주스의 정량

(1) 시험 시작 전에 열교반기(또는 알코올램프)를 켜서 끓는 물을 준비한다.

(2) 시험관에 3가지 주스 용액을 20 mL씩 넣고, 시험관 위에 수면의 위치를 유성펜으로 표시한다.

(3) 시험관들을 동시에 끓는 물에 10분간 가열하고 수돗물로 냉각한다.
(이때 따로 작은 비커에 증류수를 끓이면서 20 mL 부피가 대략 유지되도록 시험관에 끓는 물을 가한다.)

(4) 시험관에 들어 있는 주스 용액을 활동1과 같이 요오드 용액으로 적정한다.

생각해 보기

1. 이 실험에서 주스 속의 비타민 C의 양을 변화시키는 요인은 무엇인가?

2. 주스 외에 어떤 재료나 음료수로 함유하고 있는 비타민 C의 양을 비교해 볼 수 있을까?

3. 비타민 C가 우리 몸에서 하는 역할은?

11 탐구활동보고서

주스 속의 비타민 C 검출

탐구 일시	
학 과	
학 번	
이 름	

활동 1 미지 주스 용액의 요오드적정

(1) 설계한 대로 실험을 수행하면서 얻어진 결과를 표에 기록하시오.

주스의 종류	지시약 색깔을 변화시키기 위해 소모된 요오드의 부피		
	1차	2차	평균

(2) 실험 결과로 판단했을 때 가장 많은 비타민 C를 함유하고 있는 주스는 어느 것인가?

(3) 요오드 용액을 비타민 C에 가할 때 비타민 C가 모두 산화되었다는 것을 어떻게 알 수 있는가?

〈절취선〉

활동 2 | 가열한 비타민 C 주스의 정량

(1) 구체적인 실험 절차에 따라 실험을 수행하면서 결과를 표에 기록하시오.

주스의 종류 / 요오드의 양			
소비된 요오드의 부피(mL)			

(2) 비타민 C가 풍부한 야채를 끓는 물에 충분히 삶아서 먹는다면 비타민 C의 함량은 어떻게 되는지에 대해 설명해보시오.

(3) 활동 1에서의 결과와 차이가 나타나는 이유에 대해 설명하시오.

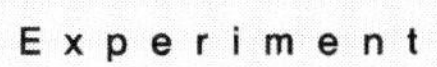

12 금속의 산화 환원

금속의 반응성 차이는 전자의 이동에 의한 산화 환원 개념으로 설명할 수 있다. 금속의 반응성을 정성적으로 비교하는 간단한 방법은 금속을 금속 이온이 포함된 수용액에 넣는 것이다. 반응성이 큰 금속은 전자를 잃고 산화되어 금속 양이온이 되고 반응성이 작은 금속은 전자를 얻어 중성 금속으로 석출된다.

산화 환원 반응은 산소나 수소의 이동 또는 물질 간 전자의 이동으로 일어난다. 금속에 산소를 첨가하는 것이 산화라면 산화된 금속이 산소를 빼앗겨서 환원되는 반응과 수소와 화합하거나 전자를 얻어 다시 환원되는 환원 반응으로 금속을 환원시킬 수 있다. 따라서 산소와 관계된 반응처럼 산소대신 전자를 주고 받는 반응도 산화 환원 반응이며 산화와 환원은 동시에 일어나며 한 물질이 산화될 때 다른 물질은 환원된다.

이 실험에서는 산화 환원 반응의 원리에 대한 이해를 토대로 관련된 현상을 해석하고 일상생활에 응용할 수 있는 능력을 기른다.

금속이 녹스는 현상은 느린 산화이다. 철이 산소와 결합하여 산화철이 될 때 '철이 산화되었다'고 표현한다.

$$4Fe + 3O_2 \longrightarrow 2Fe_2O_3$$

철 금속이 전자를 잃고 산화되면 반대로 산소가 전자를 받아 환원되었다. 화학반응에서 전자의 주개, 받개는 산화수로 생각하는 것이 편리하고, 산화수의 변화를 갖는 반응이 많이 있다. 이때 철의 산화수는 0에서 +3가로 증가하고 전자를 잃었으며, 산소는 0가에서 −2가로 산화수는 감소하고 전자를 얻었다. 이같이 반응의 전 후에서 산화수가 증가하고 전자를 잃을 때 산화되었다고 하고, 산화수가 감소하고 전자를 얻었을 때 환원되었다고 한다. 이와 같이 어떤 원자가 전자를 잃어버리는 반응인 산

화와 전자를 얻는 반응인 환원은 동시에 일어나며 이 반응에는 전자의 이동이 있다.

금속으로 된 물체의 부식을 방지하고 귀금속과 비슷한 색과 광택을 입혀 장식적 미관을 좋게 하는 방법인 도금은 화학변화를 이용하여 금속 또는 비금속체에 표면에 다른 종류의 금속의 피막을 만들어 주는 과정이다. 예를 들어 금이나 은, 니켈, 구리, 아연, 코발트, 구리, 주석 등의 금속이나 합금을 얇게 입히는 것을 말한다. 강철에 아연을 도금한 양동이는 상처가 나도 쉽게 녹슬지 않으며, 철로 만든 통조림 캔의 안쪽을 주석으로 도금하면 녹스는 것을 방지할 수 있다.

기본원리

1. 금속의 반응성 비교

각종 금속의 이온화 경향의 대소의 순서는 이온화 서열에 의하여 부여된다. 이온화 경향이 크다 = 산화하기 쉽다 = 전자친화력이 작다는 것이므로 금속의 이온화 서열은 다음과 같다.

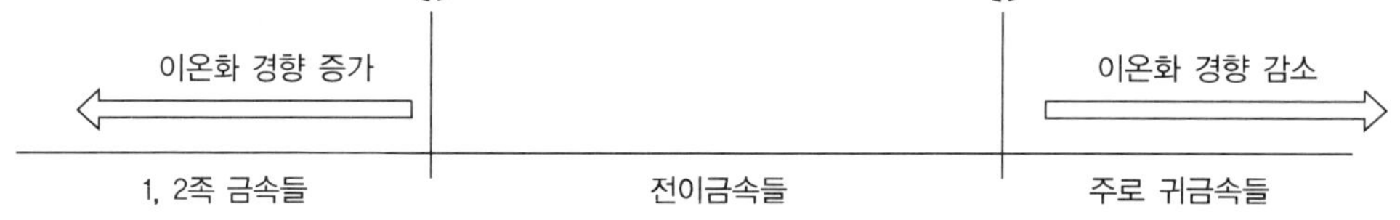

| 그림 15-1 | 금속의 이온화 서열

일반적으로 금속은 전자를 잃고 양이온이 되기 쉬운 원소이다. 금속마다 전자를 잃고 산화되려는 정도의 차이가 있으므로 금속의 반응성의 차이가 생기게 된다. 이러한 금속의 산화되려는 정도를 비교한 것을 금속의 이온화 경향이라고 한다. 즉 금속이 전자를 잃고 양이온이 되려는 경향으로 이온화 경향이 큰 금속은 이온화 경향이 작은 금속에 전자를 주어 자신은 산화되고 금속 이온을 환원시킨다.

이온화 경향이 작은 금속염의 용액에 그 금속보다 이온화 경향이 큰 금속을 넣었을 때 이온화 경향이 작은 금속이 석출한다($Zn^{2+}-Mg$, $Sn^{2+}-Al$). 이 결과로서 두 종류의 금속의 이온화 경향의 대소를 정성적으로 알 수 있다.

2. 은반지의 녹 제거

은에 생기는 검은 것은 어떤 성분일까? 금속은 공기 중의 기체와 반응해서 녹을 형성한다. 은 역시 공기 중의 황화수소(H_2S)와 반응해서 거무스레한 녹을 만든다. 만약 집에서 연탄을 연료로 사용한다면 연탄으로부터 발생하는 황화수소 때문에 은제품은 더 빨리 녹이 슬게 될 것이다. 달걀이 썩을 때에도 황화수소가 발생하기 때문에 은제품이 검게 녹이 슬 수 있다. 은에 생기는 녹의 이름은 '황화은'이며 화학반응식을 살펴보면 다음과 같다.

$$4Ag(s) + 2H_2S(g) + O_2 \longrightarrow 2Ag_2S(s) + 2H_2O(l)$$

이렇게 생긴 황화은이 어떻게 없어지게 되었는지 그 과정을 살펴보도록 하자. 이것은 전자를 주고받는 산화, 환원 반응으로 설명이 된다. 은이 황화은으로 변할 때 산화되었다가 알루미늄과 만나서 다시 환원이 된 것이다.

은의 녹이 제거되는 전체 반응식

$$2Al + 3Ag_2S + 6H_2O \longrightarrow 6Ag + 2Al^{3+} + 6OH^- + 3H_2S$$

이 반응을 산화 및 환원 반쪽반응(half reaction)으로 나타내면 다음과 같다.

산화 $Al \longrightarrow Al^{3+} + 3e^-$

환원 $Ag_2S + 2H_2O + 2e^- \longrightarrow 2Ag + H_2S + 2OH^-$

여기서 반응성이 보다 큰 알루미늄은 자신이 산화되어 양이온으로 되면서 이온상태의 은을 환원시킨다. 알루미늄 각 원자는 전자 3개씩을 잃어 산화되고, 녹슨 은 각 원자는 전자 1개를 얻어서 환원된다. 왜냐하면 은이 녹이 슬 때 이미 은 원자가 전자 1개를 잃어 산화된 상태이기 때문이다. 따라서 은이 환원이 될 수 있도록 도와준 것은 바로 알루미늄이라고 할 수 있다. 이렇게 자신은 산화되면서 다른 물질을 환원시키는 것을 환원제라고 한다.

산화와 환원을 이용하여 녹이 슨 은반지를 원래 모습대로 반짝반짝하게 되돌릴 수 있었다. 알루미늄이 산화되면서 내놓은 전자가 은이 다시 받아서 환원이 되어 원래의 은 모습으로 된 것이다.

준비물

재료 소다(탄산수소나트륨), 녹이 슨 은제품
알루미늄 호일, 부탄가스, 5% HCl 용액
금속염수용액: 황산아연($ZnSO_4$), 황산철($FeSO_4 \cdot 7H_2O$),
황산구리($CuSO_4 \cdot 5H_2O$) 각 5% 수용액
마그네슘 리본, 철판(또는 철사), 구리판(또는 구리줄)
아연판, 사포, 알루미늄판, 시트지, 황산구리

기구 가스버너, 냄비 또는 코펠, 도가니집게
24 홈판, 스포이트, 핀셋, 비커
가위, 칫솔, 비커

탐구활동

활동 1 금속의 반응성 비교

(1) 24홈판에 그림과 같이 가로 줄 홈에 각 금속염 용액 그리고 염산 용액을 스포이트를 이용하여 담는다.

(2) 사포로 닦은 금속조각을 넣어 변화가 일어나는가를 살펴본다.

(3) 각각의 용액에 여러 가지 금속 조각을 넣어 확인하고 변화가 있으면 그 조합한 금속의 이온화 경향의 대소를 알 수 있다.

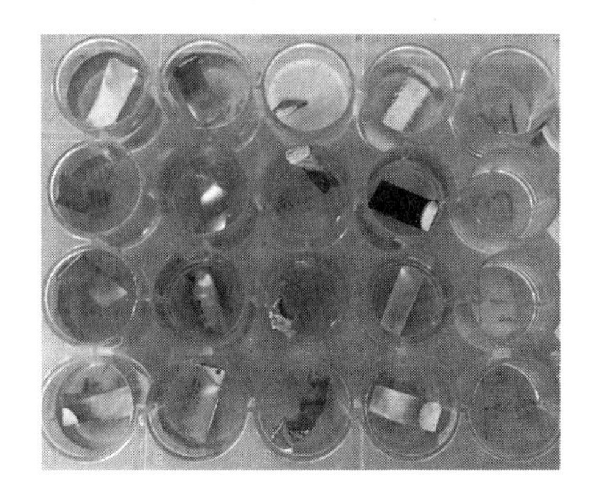

활동 2 금속 판화 만들기

(1) 비커에 황산구리 수용액(또는 염화구리 수용액)을 넣는다.

(2) 알루미늄판을 명함 사이즈 정도로 자른다.

(3) 판화의 모양을 꾸미기 위하여, 시트지를 이용하여 원하는 모양으로 잘라 알루미늄판에 붙인다.

(4) 시트지를 붙인 알루미늄판을 황산구리 수용액에 넣는다. 이 때, 일어나는 화학반응을 설명해 보자.

(5) 칫솔을 이용하여 산화된 부분을 닦아내고 깨끗한 물로 씻어 판화를 관찰하자.

활동 3 은반지의 녹제거

(1) 녹이 슨 은수저나 은제품이 없으면, 달걀찜을 한 후 거기에 은제품을 담가 하룻밤 정도 둔다.

(2) 녹슨 은제품을 씻고, 녹슨 범위를 조사한다.

(3) 냄비에 물을 절반 정도 넣고 소다를 2~3 순가락 넣는다.

(4) 불을 켜서 물을 따뜻하게 한 후 냄비 바닥에 알루미늄 종이를 깐다.

(5) 녹이 슨 은제품을 알루미늄 종이 위에 올려놓는다.

(6) 물이 거의 끓을 때까지 가열한다.

(7) 몇 분 후 은제품을 꺼내고 흐르는 물에 씻어 헹군다.

생각해 보기

1. 금속의 이온화 경향과 산화－환원 경향과는 어떤 관계가 있는가?

2. 금속의 반응성을 비교하는 실험의 예를 쓰시오.

3. 주유소에는 강철로 만든 유류 저장 탱크가 연결되어 있다. 이 강철 탱크의 부식을 막기 위하여 사용되는 방법은 무엇일까

12 탐구활동보고서

금속의 산화 환원

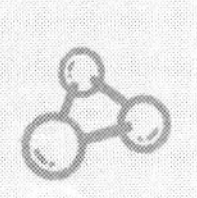

탐구 일시	
학 과	
학 번	
이 름	

활동 1 금속의 반응성을 비교

(1) 각각의 금속의 반응성을 비교해 보자

	마그네슘	아연	철	구리
황산아연 용액				
황산철(Ⅱ) 용액				
황산구리 용액				
HCl 용액				

(2) (1)과 같이 금속을 금속이온이 녹아 있는 수용액에 넣고 변화를 관찰하였다.

- 용액에 따라 금속의 변화에 차이가 나는 이유

- 금속의 이온화 경향의 대소를 나타내시오.

〈절취선〉

활동 2 | 금속 판화 만들기

(1) 시트지를 붙인 알루미늄판을 황산구리 수용액에 넣었을 때 일어나는 화학 반응을 설명해보자.

(2) 완성된 금속 판화를 사진으로 찍어 붙여보자.

활동 3 | 은반지의 녹제거

(1) 은제품의 녹 제거하기 전 모습과 녹 제거한 후 모습을 비교하시오.

(2) 은의 녹이 제거되는 원리를 산화와 환원으로 설명해보자 .

- 원리

- 이 때 소다의 역할은?

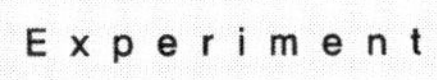

Experiment 13 과학 수사

범죄 현장에 남은 증거물을 토대로 범인을 검거하는 일은 과학 수사의 핵심이다. 범인을 검거하기 위해 동원되는 증거에는 여러 가지가 있지만 가장 널리 쓰이는 것이 바로 지문이다. 눈에 보이지 않는 지문을 어떻게 떠낼 수 있을까?

지문 감식과 더불어 과학수사에서 가장 흔하게 볼 수 있는 장면 중 하나가 바로 혈흔검사이다. 범죄현장에 흩어져 있는 붉은 혈액은 눈으로 볼 수 있기 때문에 상관없으나 범인이 증거를 숨기기 위해 깨끗이 청소를 하였다거나 혹은 범죄에 사용된 흉기를 확인하기 위해서는 혈흔 검사가 필수적이며 결정적인 증거가 된다. 어떻게 혈흔을 검출해낼 수 있을까?

이 활동에서는 과학 수사 기법에서 가장 기본적이고 자주 쓰이는 지문 뜨기의 방법으로 분말법과 닌하이드린법을 경험해보고, 혈흔 검출법으로 루미놀 반응을 실시해 봄으로써 생활 주변에서 사용되는 과학적 수사 기법을 직접 체험해보는 기회를 갖는다.

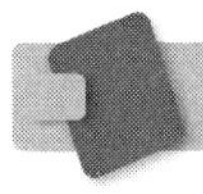

기본원리

1. 지문 뜨기

지문은 손가락 끝의 손바닥 쪽에 표피가 융기돼 생긴 선(융선)에 의해 형성된 줄무늬다. 이는 피부층 중 표피 밑층인 진피에서 만들어진 것으로 진피 부분이 손상되지 않으면 평생 동안 변하지 않는다. 지문 패턴은 유전보다는 환경의 영향을 많이 받는데, 지문이 형성되는 시기가 태아시기인 약 6주에서 13주 경에 나타나기 때문에 엄마의 뱃속 환경의 영향을 받는다는 것을 짐작할 수 있다.

임신 10주경이 되면 태아의 손가락과 손바닥, 그리고 발바닥 부위에 볼라 패드

(volar pad)라는 매끈한 판이 나타나는데, 이는 이 부위를 형성하는 혈관과 중간엽 조직이 결합해 팽창하기 때문에 일어난다. 볼라 패드는 이 시기 이후에는 성장을 멈추게 되지만 손은 계속해서 자라나기 때문에, 결국 볼라패드는 자라나는 피부에 흡수되며 흔적을 남기게 되는데, 이것이 지문의 시초이다.

일단 이렇게 자리 잡기 시작한 초기 지문은 태아가 성장함에 따라서 주변 피부의 성장이나 혈관의 발달에 따라서 약간씩 영향을 받게 되지만, 전체적인 틀은 크게 변하지 않는다. 이렇게 하여 임신 중기가 지나면 지문은 완전한 형태로 자리 잡으며, 이렇게 한번 생긴 지문은 평생 변하지 않게 된다.

이 과정에서 볼라 패드의 형성과 퇴화에는 일부 유전적인 영향이 작용하지만, 세부적인 지문 형태가 결정되는 것은 순전히 우연에 의해 일어난다. 앞서 말했듯이 볼라 패드는 손가락의 혈관과 중간엽 조직의 결합에 의해 생겨난다고 하는데, 작은 모세혈관의 형성 패턴은 유전이 아니라 환경적인 요인에 의해 결정되므로 이와 연관되는 볼라 패드와 지문 역시 환경적인 요인에 의해 모양이 결정된다. 따라서 똑같은 유전자를 지니고 있는 일란성 쌍둥이라고 할지라도, 지문의 모양은 서로 다르게 나타난다.

지문의 종류에는 일정한 패턴이 있고 크게 제상문, 궁상문, 와상문 등 크게 3가지로 나누며(Henry의 제안, 영국) 실제 범죄 수사에서는 좀 더 다양하고 구체적으로 분류한 방법을 사용하고 있다. 제상문(loop)은 말발굽 또는 고리 모양으로 생긴 지문을 말하며 융선 중 적어도 1개는 원래 시작한 쪽으로 되돌아오는 특징을 가지고 있다. 궁상문(arch)은 융선이 활모양으로 생겨서 가로로 수평을 이루는 융선이 많고, 어느 한 쪽에서 출발한 융선이 원래 시작된 쪽으로 돌아오지 않는 특징이 있다. 우리나라 사람에게는 흔치 않아 궁상문을 갖고 있는 사람은 약 2.2%에 불과하다. 와상문(whorl)은 소용돌이 모양을 하고 있고, 보통 소용돌이 주변에 두 개의 삼각주를 갖는다. 지문의 형태는 민족 마다 약간씩 분포에 차이를 보이나, 일반적으로 제상문이 제일 많고 그 다음 와상문, 궁상문의 순서이다.

제상문(Loop)

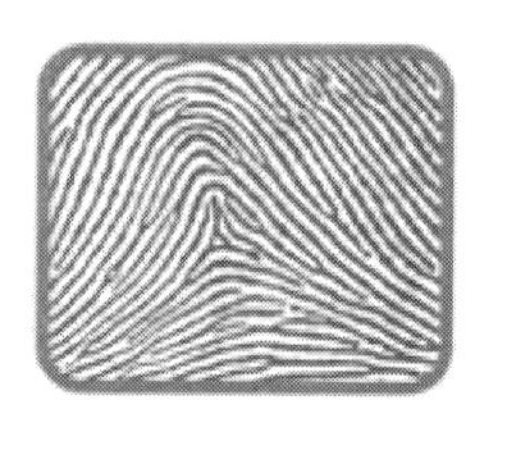

궁상문(Arch)

와상문(Whorl)

피부는 손바닥과 발바닥을 제외하고 어디에나 피지선이 있다. 때문에 손가락이 닿은 물체에는 우리 살갗의 자국이 찍힌다. 또한 단백질이나 염분의 흔적이 남기도 하기 때문에 지문이 찍힌다. 그렇게 찍힌 잠재 지문을 여러 가지 과학적 방법을 동원하여 눈에 보이게 만드는 것이 지문 뜨기의 핵심이다.

(1) 분말법

미세한 분말을 지문이 묻어있다고 생각되는 물체에 도포해서 분비물에 부착시켜 잠재지문을 검출하는 방법으로 주로 표면이 편편하고 매끄러우며 단단한 물체상에 찍힌 잠재지문을 채취하는데 적당하다. 주로 미세한 탄소 가루 등을 사용하는데, 지문의 성분 중 기름 성분에 무극성 탄소 가루가 달라붙는 것을 이용하는 방법이다.

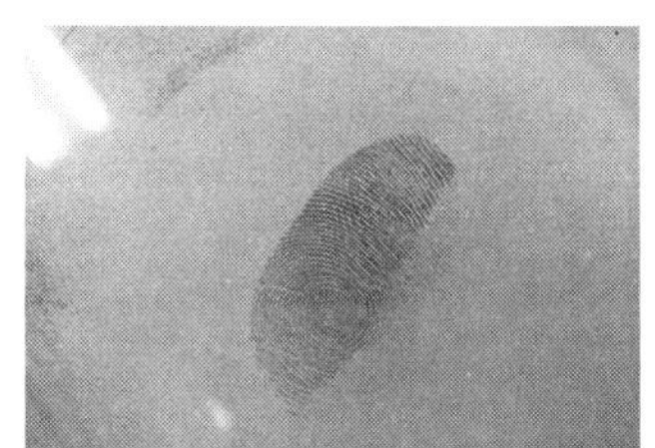

탄소 분말법

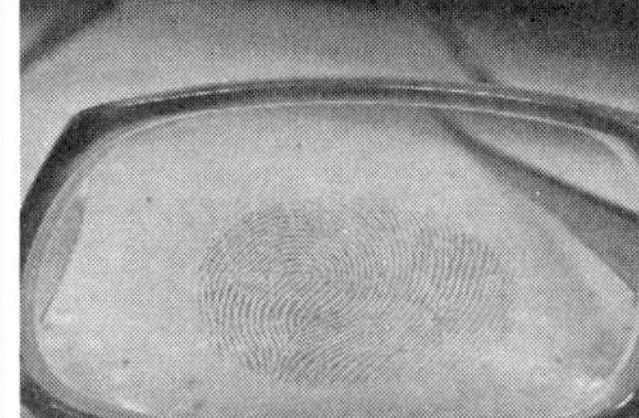

형광 분말법

형광 분말에 자외선 등을 비춘 모습

(2) 닌하이드린법

손가락 끝의 분비물 중의 아미노산 성분에 화학적 반응을 일으켜서 지문을 검출하는 방법으로 닌하이드린 용액을 사용하며 주로 종이류에 묻은 지문을 검출하는 경우에 자주 사용한다.

닌하이드린은 아미노산의 $-NH_2$기와 반응하여 Ruheman purple이라 불리는 보라색 물질로 변한다.

$$2\ \text{(ninhydrin)} \xrightarrow[HO^-]{NH_2CH(R)COOH} \text{(Ruhemann's purple)} + RCHO + CO_2 + 4H_2O$$

즉, 닌하이드린은 단백질에 반응하는 것이 아니고 아미노산에 반응하는 것이기 때문에, 종이에 남은 신선한 지문에 닌하이드린 용액을 뿌렸을 때는 바로 보라색이 나타나지 않는 것이 정상이다. 그 신선한 지문 성분 중 닌하이드린에 반응할 수 있는 아미노산의 분율이 적기 때문으로, 단백질이 분해되어 아미노산으로 변할 수 있으려면 시간이 지나거나, 온도와 습도를 조절하여 단백질을 빠르게 분해시켜주면 된다. 따라서 결과를 빨리 보기 위해 다리미로 다리는 경우가 많다.

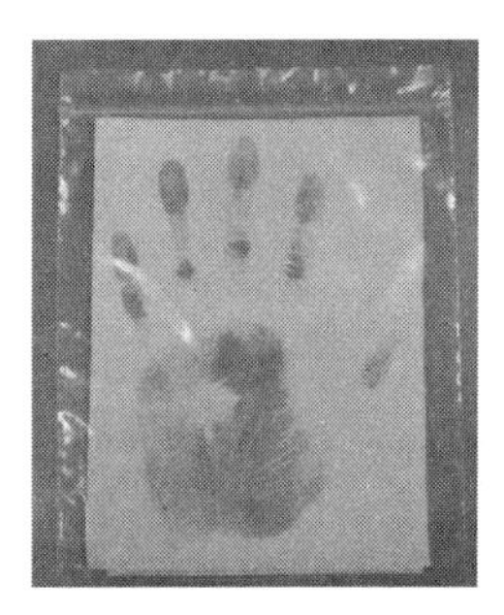
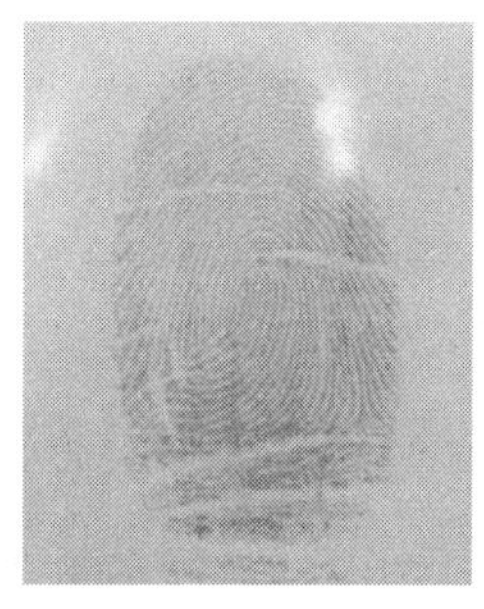

닌하이드린을 이용해서 찍어낸 손바닥 모양과 지문

2. 혈흔 검출

혈액은 혈관 속을 흐르고 있는 액상의 조직을 말하며, 액체 성분인 혈장과 세포 성분인 적혈구, 백혈구 및 혈소판으로 이루어져 있다. 혈장은 옅은 노란색의 끈기 있는 액체로 약 염기성(pH 7.4)이며, 혈액의 55%를 차지한다. 이러한 혈장은 약 90%가 물로 되어 있는데, 여기에 여러 가지 단백질, 지질, 당, 무기 염류 등이 용해되어 있다. 혈장 단백질로는 알부민이 가장 많고, 혈액 응고에 관여하는 피브리노겐과 항체인 감마 글로불린 등이 있다.

백혈구는 위족운동으로 움직이면서, 몸 밖에서 들어온 이물질이나 세균 등을 포식하는 식균작용을 하여 세균 감염으로부터 몸을 보호한다. 혈소판은 백혈구와 같이 형태가 일정하지 않으며, 출혈이 있을 때 혈액 응고의 초기작용에 관계한다. 적혈구는 산소를 운반하는 혈색소인 헤모글로빈을 가지고 있다. 헤모글로빈은 적색을 띤 단백질이며, 헴과 글로빈으로 이루어져 있다. 헴분자의 중심에는 Fe이 위치한다.

과학 수사 기법에서 혈흔을 검출하는 것은 혈액 성분 중의 헤모글로빈과 관련되어 있다. 범죄수사에서 혈흔을 찾는 법의학적인 검사법으로서 루미놀용액과 과산화수소수의 혼합액에 혈액 속의 헴을 작용시키면 약 424 nm 파장에 해당하는 청백색의 강

렬한 화학발광을 나타내는데, 이것으로서 혈흔의 유무를 판단한다. 그러나 루미놀과 섞여 있는 과산화수소와 반응하여 산소를 떼어줄 수 있는 성질이 있으면 혈흔이 아닌 다른 물질과도 반응이 일어날 수 있다. 따라서 보다 정확한 혈흔검출을 위해서는 그 밖의 다른 시험을 추가하여 확인할 필요가 있다. 루미놀은 예비검사이기 때문에 혈흔이 존재한다는 확인만 할 뿐 유기물에 반응하여 특유의 청백색 발광을 나타내기도 하기 때문에 추가 검사가 반드시 필요하다.

헴의 분자구조

이와 같이 특이성의 측면으로 볼 때는 다소의 약점이 있으나 조작이 간단하고 예민성이 뛰어나 잠재 혈흔 및 교통 사고 현장과 같이 광범위한 지역의 혈흔 검사에는 빼놓을 수 없는 시험이다.

과산화수소는 촉매에 의해 분해되면 산소와 물로 나누어지고 이때 나온 산소는 루미놀을 산화시켜 청백색의 화학발광을 낸다. 루미놀이 청백색의 화학발광을 나타내는 반응을 루미놀 반응이라고 부른다. 루미놀 반응의 메커니즘을 살펴보면, 염기성용액에서 루미놀은 두 개의 수소를 잃고 두 개의 산소원자가 6각형 고리의 중간에 다리형으로 결합(산화)한다. 이 산화된 상태는 불안정하므로 곧 질소가 기체로 되며 떨어져 나간다. 이 떨어져 나간 중간체는 높은 에너지 상태로 불안정하므로 곧 내부 에너지를 빛에너지의 형태로 내어 놓고 안정한 저에너지 상태로 돌아가게 되는데 이때 화학발광을 하는 것이다.

루미놀을 수사에 이용할 경우 혈액 중 헴이 과산화수소 분해반응의 촉매역할을 하게 되는데 보통 혈액이 약 1만~2만 배로 희석되어도 반응을 나타내므로 세탁된 상태에서도 혈흔이 감지되기도 한다. 루미놀 반응으로 혈흔을 검출 할 수 있지만 과산화수소의 분해를 촉매할 수 있는 물질은 모두 반응을 하게 되는데 그 범위가 넓다. 사람의 혈액 외에 동물, 곤충 혈액 및 토양, 곰팡이, 금속류에도 반응을 한다. 그러므로 루미놀 반응법에 의한 혈흔검사는 예비검사로 이용되고 이에 반응할 경우 헤모크로모젠 시험법을 통해 재확인 후 사람의 혈흔인지를 감정하기 위해 헤모글로빈침강소 시험법과 혈청침감소 시험법을 거쳐야 한다.

Luminol ($2 OH^-$) → Dianion ↔ Dianion

Reaction with O_2 produces unstable peroxide

Triplet dianion (T_1) Excited state ($+ N_2$) → (Intersystem crossing) → Singlet dianion (S_1) Excited state → Ground state dianion (S_0) $+ h\nu$

준비물

재료 지문 분말(일반, 형광 분말)
닌하이드린, 핸드 크림,
에탄올, 증류수, 헤모글로빈, 루미놀
과산화수소, 수산화나트륨
비닐 장갑, A4 용지, 신문지

기구 브러시, 다리미, 해부 접시, 핀셋
전자저울, 비커, 눈금실린더, 란셋
큐벳, 마이크로피펫, 분무기

탐구활동

활동 1 분말법을 이용하여 지문 뜨기

(1) 손에 핸드크림을 발라 촉촉하게 한 뒤 종이에 지문을 찍어보자.

(2) 브러시에 분말을 조금 묻혀 지문이 드러나도록 해보자.

(3) 드러난 지문에 테이프를 붙여 지문을 보관한 뒤 지문 패턴의 종류를 알아보자.

(4) 같은 방법으로, 형광 분말을 사용하여 지문이 드러나도록 해보자.

(5) 자외선 등을 이용해 지문을 관찰해보자.

※ **주의:** 미세 분말은 호흡기에 유해하므로 반드시 마스크와 장갑을 착용하고 실험에 임하도록 한다.

활동 2 닌하이드린법을 이용하여 지문 뜨기

(1) 0.2 g의 닌하이드린을 95% 에탄올 40 mL에 녹여 닌하이드린 용액을 만든다.

※ **주의 :** 닌하이드린 용액이 피부에 묻으면 보라색으로 변색하므로 반드시 비닐 장갑을 착용하도록 한다.

(2) 손에 핸드크림을 충분히 발라 촉촉하게 한 뒤 A4 종이에 손바닥을 잘 눌러 찍는다.

(3) 닌하이드린 용액을 해부 접시에 부은 뒤 종이를 용액에 담갔다가 꺼낸다.

(4) 종이가 마를 때 까지 잠시 기다린다.

(5) 신문지를 깔고 종이를 올려놓은 뒤 다리미로 다린다.

활동 3 혈흔 검출

(1) 루미놀 용액을 만든다(10% 수산화나트륨 20 mL에 루미놀 0.1 g을 녹인 뒤, 이 용액을 증류수로 희석하여 200 mL 용액을 만들고, 거기에 5% 과산화수소수 20 mL를 넣어 분무기에 넣고 섞어준다).

※ **주의 :** 루미놀은 인체에 해로울 수 있으므로 직접 피부에 닿지 않도록 주의한다.

(2) 실험에 사용할 혈액을 채취한다(혈액 채취가 어려우면 헤모글로빈 용액을 사용한다).

※ **주의**: 란셋으로 혈액을 채취할 때 주의한다.

(3) 종이 위에 혈액을 한 방울 떨어뜨린 뒤 루미놀 용액을 분사하고 변화를 관찰한다(어둡게 하는 것이 관찰하기에 좋다).

(4) 가위나 핀셋과 같은 금속 재질의 물체에 혈액을 한 방울 떨어뜨린 뒤 물로 닦아내고 다시 루미놀 용액을 분사하고 변화를 관찰해보자.

(5) 큐벳과 마이크로 피펫을 이용하여 혈액 용액의 농도를 1/10, 1/100, 1/1000, 1/10000로 희석한 다음, 각각 루미놀 용액을 넣고 관찰해보자.

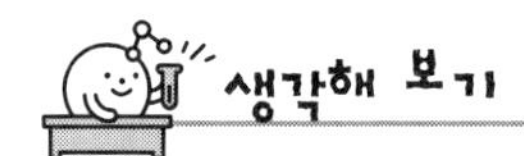

1. 닌하이드린을 이용한 지문 검출을 할 때 손에 땀이 많이 나는 사람이 지문 검출이 잘되는 경우가 많은데, 그 이유가 무엇일지 생각해보자.

2. 제시된 분말법, 닌하이드린법을 제외한 다양한 지문 뜨기 방법에 대해 조사해보고, 각 방법이 어떤 원리에 의한 것인지 알아보자.

3. 혈흔을 검출하는 방법으로 루미놀법 이외에 페놀프탈레인을 이용하는 방법에 대해 자세히 알아보고, 원리를 조사해보자.

13 탐구활동보고서

과학수사

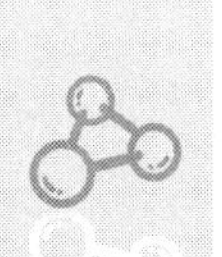

탐구 일시	
학 과	
학 번	
이 름	

활동 1 분말법을 이용하여 지문 뜨기

(1) 자신의 지문 패턴이 무엇인지 확인하고, 주변 사람들의 패턴을 확인하여 통계를 내 보자.

(2) 미세 분말을 잠재 지문 위에 묻혔을 때 지문이 드러나는 이유는 무엇인가?

활동 2 닌하이드린법을 이용하여 지문 뜨기

(1) 닌하이드린을 녹이는 용매로 에탄올 이외에 아세톤, 에탄올–이소옥탄 등을 사용하는데, 이런 용매들이 만족시켜야 할 조건은 무엇일지 생각해보자.

〈절취선〉

(2) 닌하이드린으로 지문을 검출할 때 다리미로 다려주어야만 하는 이유는 무엇인가?

활동 3 | 혈흔 검출

(1) 혈액에 루미놀 용액을 분사하면 어떤 변화가 일어나는가?

(2) 물체에 묻은 혈액을 물로 닦아낸 뒤 루미놀 용액을 분사했을 때 어떻게 되었는가?

(3) 혈액의 농도를 묽혔을 때 몇 배로 희석시켰을 때까지 루미놀 반응이 나타나는가?

(4) 루미놀 반응의 약점이 무엇인지 알아보자.

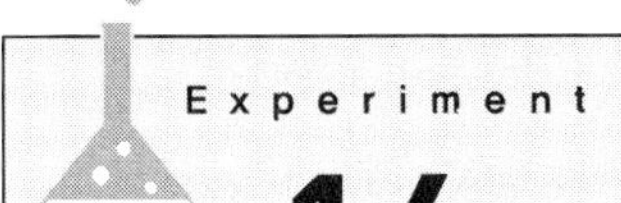

14 MBL을 활용한 과학 활동(1) 온도 센서의 이용

과학 실험에서는 측정을 위하여 온도계, 저울 등의 여러 가지 도구를 사용한다. 예를 들어, 물의 온도를 측정하기 위하여 온도계를 사용하며, 물의 온도에 따른 온도계의 눈금(온도)을 육안을 통하여 읽고 이를 기록하는 방식으로 측정 활동을 수행한다. 그러나 보다 복잡한 실험이나 정밀함이 요구되는 실험에서는 보다 공학적인 원리를 통하여 설계된 기계나 컴퓨터를 이용하여 측정이 이루어지는 경우가 많다. 일반적으로 대학이나 연구소의 과학 실험실에서는 육안을 통한 측정보다는 이러한 첨단 기구를 활용한 측정이 더 일반적이다.

이 활동에서는 컴퓨터를 활용한 실험의 대표적인 방법으로 MBL(Microcomputer Based Laboratory)에 대해서 알아보고, 이를 이용하여 가장 기초가 될 수 있는 활동으로 온도 센서를 이용한 다양한 실험을 통해 컴퓨터를 이용한 실험 방법과 내용에 대한 이해를 넓히고자 한다.

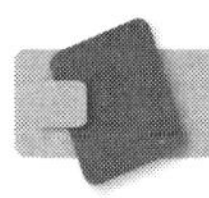

기본원리

1. 컴퓨터를 활용한 프로그램(MBL)의 교육적 효과

MBL(Microcomputer Based Laboratory)은 데이터수집과 분석의 기술로 활용되는 도구 또는 애플리케이션을 의미한다. 센서와 인터페이스를 포함한 MBL 실험기자재는 다음과 같은 교육적 효과를 가지고 있다. 첫째, 컴퓨터에 연결된 센서와 인터페이스를 이용하여 측정 수집된 데이터를 모니터 상에서 바로 처리할 수 있고, 세분화된 측정간격으로 정밀하게 데이터를 수집할 수 있다. 둘째, 노트북과 센서만 있다면 언제 어디서나 현장에서 실험하여 탐구할 수 있으므로 시간 공간적 제한을 초월한 직간접 체험이 가능하다. 셋째, 교육과정상의 기본학습이 가능하도록 다양한 형태로 학습프로그램을 구성하면 학생주도로 탐구주제에 따른 과학의 원리를 효과적으로 이해할 수 있고, 수준별 심화과정의 학습이 가능하도록 다양한 수업의 형태로 학습 프로그램을 구성하면 학생주도로 탐구주제에 따라 적용할 수 있는 과학의 원리를 창의적으로 탐구할 수 있다. 넷째, 네트워크를 통한 물리적 공간(오프라인 실험)과 사이버상의 전자 공간(온라인 실험)을 연계하면 전문 과학기술산업 분야에서 IT과학기술로 표현되어 이루어지고 있는 유비쿼터스(UIT: Ubiquitous Information Technology) 환경을 과학교육에 제공하여 탐구할 수 있게 되고, IT기술을 적용하고 시간 공간을 초월하여 언제 어디서든 적절한 탐구주제를 탐구할 수 있는 오픈된 탐구환경이 되므로 주변의 일상생활 및 사회현장에서의 STS적인 과학탐구활동이 가능해진다. 이와 같은 교육적 효과를 가진 MBL의 장점과 제한점, 관련 기기에 대하여 살펴보면 다음과 같다.

2. MBL의 장점

(1) 실험시간의 절약

전통적인 실험기구 대신 MBL 기자재를 사용하면 실험활동에서 자료가 빨리 수집 및 측정되기 때문에 학생들은 실험시간동안 다양한 실험 변인통제의 결과들을 쉽게 조사할 수 있고, 실험 시간의 단축으로 인한 잉여 시간들을 실험 결과에 대한 토론 및 분석에 사용할 수도 있다.

(2) 객관적인 관찰

MBL은 물리량을 인간의 오감각 대신 감지소자를 이용한다. 따라서 측정의 객관성을 띌 수 있으며 실험 측정기구의 오차가 제시되면 관찰자가 실험기구를 장치할 때의 개인 오차에 대해서도 추적이 가능하다. 현 실험측정 방법은 꽤 큰 오차가 나도 너무 많은 오차의 요인 때문에 학생들 스스로도 오차의 여러 요인들이 측정 결과값에 어떻게 작용했는지 사고하기를 포기할 것이라고 직관적으로 생각할 수 있다.

(3) 흥미 유발

현재의 과학실험은 이미 알고 있는 실험결과를 확인하는 형태로 어떤 학생들은

오히려 실험실습 때문에 흥미를 잃는 경우도 있다. 또한 실험에서 정확한 데이터를 얻기 위해서 단지 실험기구를 다루는 기술에만 열중하여 실험의 핵심을 파악하지 못하게 되는 경우도 있다. 따라서 학습동기와 흥미유발의 측면에서 MBL 기자재는 학습의욕을 환기시키는 데 바람직한 역할을 할 수 있을 것이고, 문제인식과 실험활동이 동시에 이루어지며 단시간에 실험결과까지 볼 수 있는 MBL을 이용한 실험활동은 큰 장점을 갖고 있다.

(4) 즉각적인 피드백

학생 스스로가 실험활동을 통해서 즉각적인 결과를 볼 수 있다. 즉각적인 피드백은 그들 개념의 진위를 알 수 있고 추상적인 것을 구체적으로 알게 하는 데 도움을 준다. 물리적인 현상을 그래프와 연관시키는 것은 학생들이 유용한 과학적 기호체제로서 그래프를 이해하게 할 뿐만 아니라 학생들에게 적당한 현상을 조사하게 하는 데 있어서 물리적인 개념을 이해하는 데 도움을 준다. 또한, MBL 실험방식에서는 실험수행 중에 학생이 자료를 해석하기 때문에 실험은 신선하고 학습은 가속화하게 된다.

3. MBL의 제한점

(1) 현실적용의 어려움

MBL 실험의 현실적용의 문제로 특정 하드웨어와 소프트웨어 연결의 어려움, 때때로 발생하는 기계적 문제, 수준 낮은 MBL 수업활동자료 등을 들 수 있다. 미국의 일선 과학교사들을 대상으로 조사한 바에 의하면, 적합한 하드웨어의 부족과 적절한 소프트웨어의 부족, 경비, 시간문제, 교사에게 특정기술에 대한 지식의 요구 부담 등의 문제가 있다고 했다.

(2) 자료처리 이해의 부족

실험 자료의 처리를 학생이 하지 않고 컴퓨터가 대신하기 때문에 생기는 문제점, 컴퓨터를 이용하여 실험한 학생이 실험을 통해 데이터를 구하는 원리를 이해할 수 없는 문제점 등이 제기되었는데, 그것은 컴퓨터를 사용하는 경우 학생이 데이터를 구하지 않고 센서가 데이터를 읽어 컴퓨터로 바로 들어가기 때문이라고 했다.

4. MBL 관련 기기 및 소프트웨어

(1) 인터페이스(Interface)

센서로부터 받아들이는 자연의 신호(물리량)를 컴퓨터에 입력과 출력을 하기 위한 주기능 장치로 LabPro와 Go! Link가 있다. LabPro는 하나의 인터페이스에 여러 개의 채널로 구성되어 있어 동시에 여러 개의 센서를 장착하여 복합적인 실험을 수행할 수 있고, Go! Link는 채널이 하나로 구성되어 있어 한 개의 센서만 장착하여 간편하게 실험을 수행할 수 있다.

(2) 센서(Sensors & Probes)

자연의 물리량을 측정하여 컴퓨터가 받아들일 수 있는 전기적 신호로 변환하여 인터페이스에 제공하는 장치이다.

(3) 소프트웨어(Software)

실제 측정된 물리량을 컴퓨터 화면에 표현해주는 전문 소프트웨어이다. Logger Pro는 컴퓨터용 자료수집 전용 소프트웨어로 실험 시 측정 주기나 측정 기간 등의 데이터 측정 조건을 사용자가 자유롭게 조정할 수 있다. 또한, 센서로부터 받아들인 데이터의 수집·분석 및 실시간 그래프 분석기능을 갖고 있다. 데이터나 그래프는 복사와 저장이 가능하여 보고서 작성 등에 유용하게 사용할 수 있으며, 실험 및 측정 과정을 출력하거나 파일로 저장할 수도 있다.

준비물

재료 소금 1봉지(1kg), 칵테일용 얼음 2봉지, 물(증류수)
흰 종이, 검은 종이, 테이프

기구 LabPro 인터페이스 또는 Go! Link (Vernier 제품)
온도 프로브 2개, 노트북 컴퓨터
램프(갓이 있는 전구 스탠드)
스탠드, 클램프와 클램프 홀더 1개
비커(500 mL, 100 mL), 시험관 1개, 유리막대, 약숟가락
가열 장치(알코올램프와 삼발이), 끓임쪽

탐구활동

활동 1 어는점과 녹는점

(1) 500 mL 비커에 얼음을 1/2정도 채우고, 물을 조금 넣는다.

(2) 그림과 같이 소량(약 5 mL)의 물이 들어 있는 시험관에 온도 센서 프로브를 넣고, 클램프를 이용하여 비커 가운데 고정시킨다.

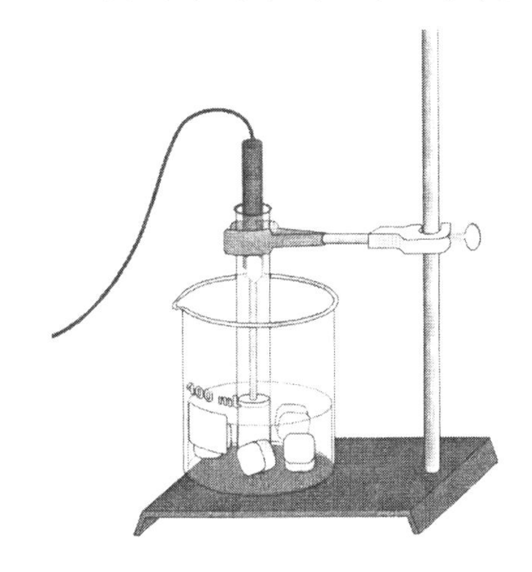

(3) 비커의 얼음물에 5스푼 정도의 소금을 넣고 저어주면서 데이터를 모으기 시작한다.

(4) 처음 10분 정도(얼음이 생길 때까지)는 센서 프로브를 천천히 꾸준하게 움직여준다(센서 프로브가 물 밖으로 나오지 않도록 주의한다). 얼음이 생기기 시작하면 센서를 가만히 둔다. 비커의 얼음이 줄어들면 얼음을 더 넣어준다.

- 얻어진 표와 그래프를 분석해 본다.
- 그래프에서 특이한 부분이 있는가? 있다면, 그러한 부분이 생기는 이유는 무엇이라고 생각하는가?

(5) 과정 (4)의 비커의 내용물을 버리고, 여기에 따뜻한 물을 넣은 다음 시험관(아직도 얼음이 얼어 있음)을 다시 담그고 온도를 측정한다.

- 얻어진 표와 그래프를 분석해 본다.

활동 2 끓는점

(1) 비커에 물을 반쯤 채우고 가열한다.

(2) 온도 센서를 이용하여 온도 변화를 측정한다.

- 얻어진 표와 그래프를 분석해 본다.
- 끓고 있을 때, 물의 온도 변화는 어떠한가? 그리고 그 이유는 무엇이라고 생각하는가?
- 물은 1기압에서 100°C에서 끓는다. 이 사실과 실험에서 얻은 결과를 비교하고, 다른 결과가 나왔다면 그 까닭은 무엇이겠는가?

활동 3 소금물을 가열할 때의 변화

(1) 비커에 물을 반쯤 채우고 여기에 소금을 충분히 녹인 후, 이 용액을 가열한다.

(2) 온도 센서를 이용하여 온도 변화를 측정한다.

- 얻어진 표와 그래프를 분석해 본다.
- 소금물의 온도 변화는 물을 가열할 때의 온도 변화와 비교할 때 어떠한가? 그리고 그 이유는 무엇이라고 생각하는가?

활동 4 복사 에너지

(1) 온도 센서 2개를 준비하고 각 온도 센서에 흰색, 검은색 종이를 각각 씌운다.

(2) 온도 센서들을 인터페이스에 연결한다.

(3) 온도 센서로부터 10 cm 정도의 높이에 램프를 설치한다. 램프는 두 온도 센서 끝부분의 가운데에 오도록 한다.

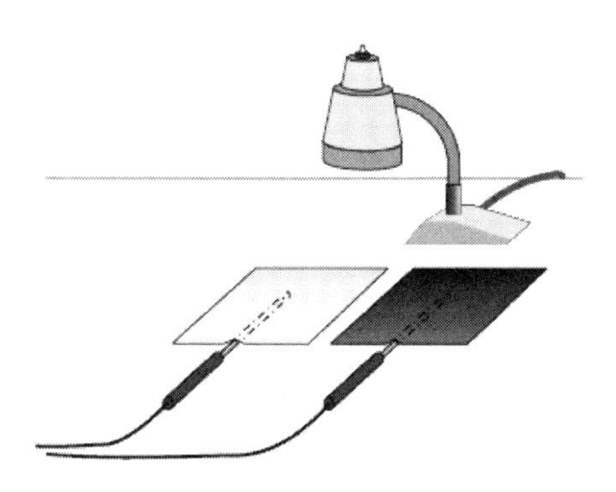

(4) 램프를 켜고 온도 측정을 시작한다.

(5) 약 10분 후 데이터 수집을 마치고, 두 온도 센서의 온도 변화를 비교한다.

- 흰색과 검은색 종이를 씌웠을 때 온도 변화의 차이는 어떠한가?

14 탐구활동보고서

MBL을 활용한 과학활동(1) 온도 센서의 이용

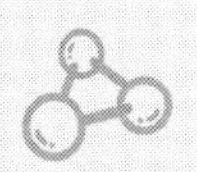

탐구 일시	
학 과	
학 번	
이 름	

활동 1 어는점과 녹는점

(1) 물이 얼고 녹는 동안에 온도 변화는 어떻게 나타나는가?

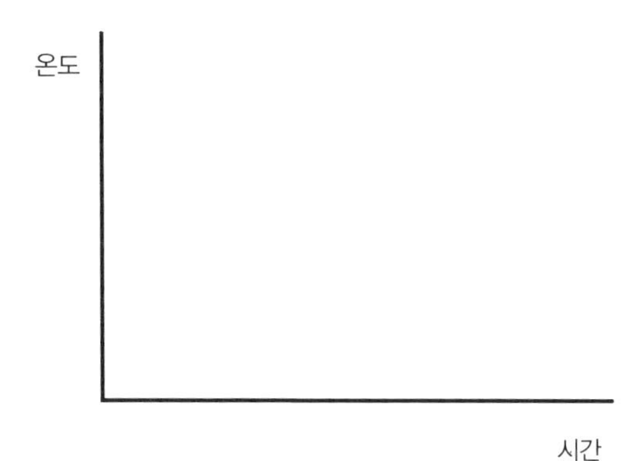

(2) 결과와 그래프에 따르면 물의 어는점과 녹는점은 몇 도인가? 0.1℃수준으로 쓰시오. 물의 녹는점과 비교하여 어는점은 어떠한가?

얼기 시작하는 온도(어는점)	℃
녹기 시작하는 온도(녹는점)	℃

〈절취선〉

(3) 어는점 곡선을 보면 얼기 전에 온도가 0℃ 이하로 내려갔다가 다시 올라가면서 일정한 온도 구간을 나타내는 것을 관찰할 수 있다. 그 이유는 무엇일까?

활동 2 끓는점

(1) 물이 가열되는 동안 온도 변화는 어떻게 나타나는가?

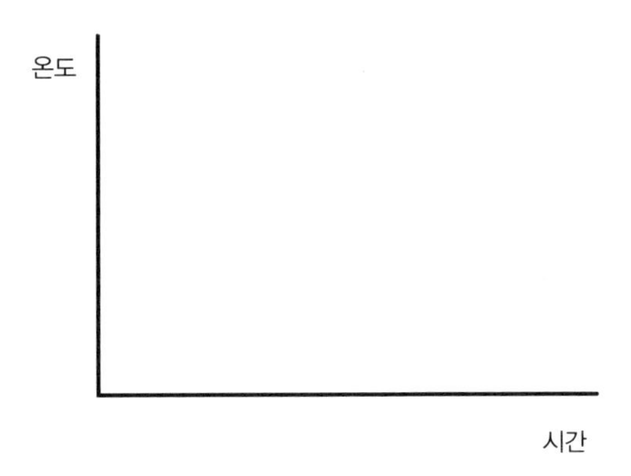

(2) 끓고 있을 때, 물의 온도 변화는 어떠한가? 그리고 그 이유는 무엇이라고 생각하는가?

(3) 물은 1기압에서 100℃에서 끓는다. 이 사실과 실험에서 얻은 결과를 비교하고, 다른 결과가 나왔다면 그 까닭은 무엇이겠는가?

〈절취선〉

활동 3 소금물을 가열할 때의 변화

(1) 소금물이 가열되는 동안 온도 변화는 어떻게 나타나는가?

온도

시간

(2) 소금물의 온도 변화는 물을 가열할 때의 온도 변화와 비교할 때 어떠한가? 그리고 그 이유는 무엇이라고 생각하는가?

활동 4 복사 에너지

(1) 흰색 종이와 검은색 종이를 씌운 온도 센서에서의 온도 변화는 각각 어떠한가?

(2) 이러한 차이가 나타나는 이유를 설명해보자.

Experiment

15 MBL을 활용한 과학 활동(2) 압력 센서의 이용

입으로 분 풍선을 손으로 살짝 누르면 풍선의 부피가 줄어든다. 이는 풍선을 누르는 압력으로 인해 풍선 속 기체의 부피가 감소하였기 때문이다. 기체의 압력은 기체 분자가 자유롭게 운동하면서 용기의 벽에 충돌할 때 나타나므로, 기체의 충돌횟수가 커질수록 압력도 커진다. 만일 용기의 크기가 줄면 기체 분자들과 벽사이의 충돌은 더욱 빈번해지고 압력은 올라간다.

1662년에 보일은 일정한 온도에서 압력을 변화시켰을 때의 기체의 부피를 측정하였다. 보일의 법칙에 따르면 일정한 온도에서 기체의 부피는 가해주는 압력에 반비례한다. 주사기의 피스톤을 잡아당기면 주사기속 공기의 부피가 증가되고 이것에 대응해서 주사기 내부 압력을 감소시키며 따라서 주사기에 들어있는 공기의 부피가 피스톤의 움직임에 따라 변하면 적용되는 압력도 변하게 된다. 이 실험에서는 MBL 기체압력 센서를 이용하여 주사기로 기체의 부피를 변화시키면서 측정되는 압력 변화를 그래프로 나타낸 후, 이를 분석함으로써 보일의 법칙을 유도할 것이다.

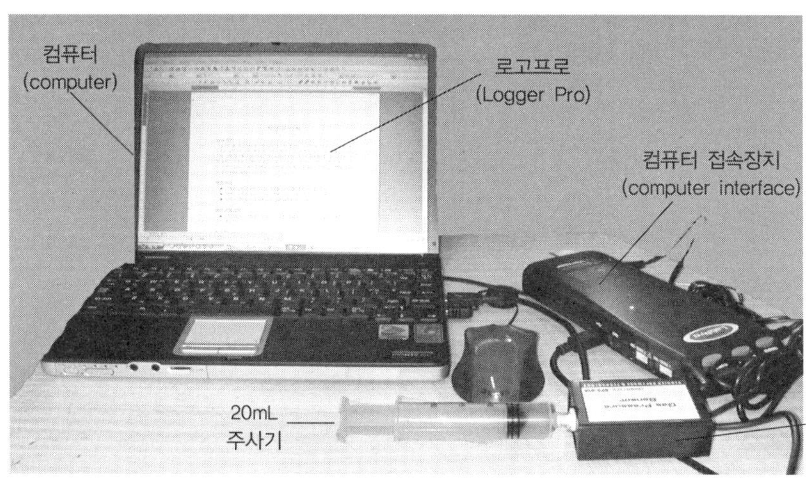

기본원리

1. 기체 압력은 왜 생길까

물이 뚜껑이 덮인 납작한 냄비 안에서 끓고 있을 때, 증기(기체)의 분자들의 충돌은 뚜껑을 위로 들어 올린다. 기체 분자들은 압력을 나타내는데 그 것은 일정 면적에 작용하는 힘으로써 정의한다.

$$압력(P) = \frac{힘}{면적}$$

기체의 압력은 기체의 분자가 자유롭게 움직여 접하고 있는 표면에 충돌함으로써 생기고, 단위 시간당 단위 면적에 충돌하고 있는 기체 분자수에 비례한다.

모든 물질들은 온도 또는 압력에 따라 기체, 액체, 고체 등 세 가지 물리적 상태 중의 하나 이상으로 존재한다. 고체나 액체와는 달리 기체는 일정한 부피도 일정한 모양도 지니지 않는다. 즉 기체는 일반적으로 압력을 가하면 그 부피가 감소한다.

기체에서 분자간의 거리는 고체나 액체에 비하여 매우 멀리 떨어져 있으므로 서로 간에 작용하는 힘이 매우 작다. 따라서 닫힌 용기에 기체 분자가 들어가면, 기체 분자는 매우 불규칙한 운동을 계속적으로 하게 된다. 이 때 용기 속 기체 분자들은 서로 충돌할 뿐만 아니라 용기의 벽에도 끊임없이 충돌하게 되어 그 벽은 힘을 받게 된다. 이 힘에 의해 기체를 담은 용기의 모든 방향에 수직으로 똑같이 작용하는 기체의 압력이 생겨나게 된다.

기체의 압력은 부피, 기체 분자의 수, 온도의 영향을 받는다. 고무공을 누르면 고무공의 부피가 감소하므로 고무공 내부의 압력이 증가하며, 자전거 타이어에 공기를 주입하면 기체 분자의 수가 증가하므로 압력이 증가한다. 그리고 온도를 높여주면 기체 분자의 속력이 증가하므로 일정한 시간 동안 단위 면적에 충돌하는 분자 수가 증가하고 빠른 속력으로 인해 충돌 시 작용하는 힘도 증가하므로 압력이 커진다. 간혹 뉴스에서 접하는 사건으로 스프레이 통이 터지는 사례가 있는데 이는 스프레이 통의 온도가 높아져 내부압력이 증가하였기 때문에 나타나는 현상이다.

또한 기체의 압력은 분자의 질량이 클수록 충돌할 때 작용하는 힘이 커지므로 증가하는데, 이상 기체의 경우는 분자 자체의 질량을 무시하므로 질량의 효과는 고려

하지 않는다.

여러 가지 방법을 이용하여 최대의 기체 압력을 만들어보는 게임 활동으로 이루어져 있다. 이 실험을 통해 학생들은 기체의 압력에 대한 이해를 명확히 하고 여러 가지 지식을 실제로 적용해보는 경험을 할 것이다.

2. 기체의 압력과 부피의 관계

물질의 세 가지 상태 중에서 기체만이 비교적 간단한 정량적인 표현이 가능하다. 온도가 일정할 때, 압력이 커지면 기체의 부피는 감소하고 압력이 작아지면 기체의 부피는 증가한다.

외부 압력을 2배로 증가시키면, 기체의 부피(V)는 1/2배로 감소한다. 부피가 변해도 밀폐된 용기이므로 내부 기체의 분자 수는 변하지 않으며, 온도가 일정하기 때문에 분자의 운동 속도도 일정하다. 그러므로 용기 벽에 단위 면적당 충돌하는 분자의 수는 2배로 증가하게 되고, 기체의 내부 압력(P)은 2배로 증가한다. 부피가 적어질수록 보다 많은 충돌이 일어나고 공기압력은 증가된다.

온도가 일정할 때 기체의 내부 압력(P)과 부피(V)는 서로 반비례 관계이며, 이를 '보일의 법칙(Boyle's law)'이라고 한다.

$$\text{압력}(P) \times \text{부피}(V) = k \quad \text{또는} \quad P_1V_1 = P_2V_2 = k$$

이때 1과 2는 각 실험 과정 순간의 기체의 압력과 부피를 의미한다. 따라서 압력과 부피가 각각 다르고 온도 및 양이 일정한 기체는 그 곱이 일정하다. 보일의 법칙은 일반적으로 부피의 변화에 따른 압력의 변화 또는 압력의 변화에 따른 부피의 변화의 계산에 주로 사용된다.

이 실험에서는 기체압력센서를 이용하여 기체의 압력과 부피 사이의 관계를 알아볼 것이다. 기체의 압력과 부피의 데이터 쌍은 실험을 통해 수집되고 분석될 것이다. 데이터와 그래프로부터 기체의 압력과 부피 사이에 어떤 수학적 상관관계가 존재하는지를 결정할 수 있을 것이다. 모든 데이터를 표에 기록하고 각각의 측정치에 대하여 $PV=k$의 값을 계산하여라. 실험을 통해 온도가 일정할 때 기체의 압력과 부피는 반비례한다는 결론을 얻을 수 있었다.

준비물

- **재료** 선, 빨대(요구르트용), 고무 밴드
  깨끗하고 건조한 용기(페트병, 조별 수만큼)
- **기구** LabPro 인터페이스 또는 Go! Link (Vernier 제품)
  기체압력 센서 1개, 노트북 컴퓨터
  고무마개(기체 압력 센서와 용기를 연결할 수 있는 것)
  20 mL 이상의 주사기 1개, 삼각플라스크(300 mL)

탐구활동

그림과 같이 주사기 속의 기체의 부피를 측정할 수 있도록 컴퓨터, 인터페이스, 기체 압력 센서를 연결한다.

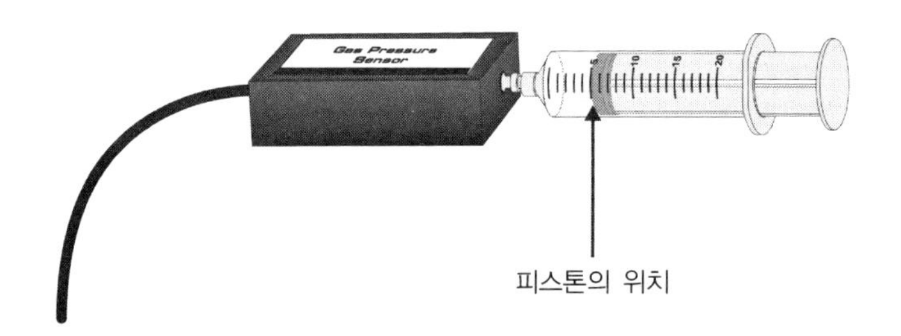

활동 1 기체압력 센서로 알파벳 그리기

(1) 기체압력 센서를 사용하여 다음 그림과 비슷한 알파벳 M자 모양을 만들어 보는 실험을 해보자.

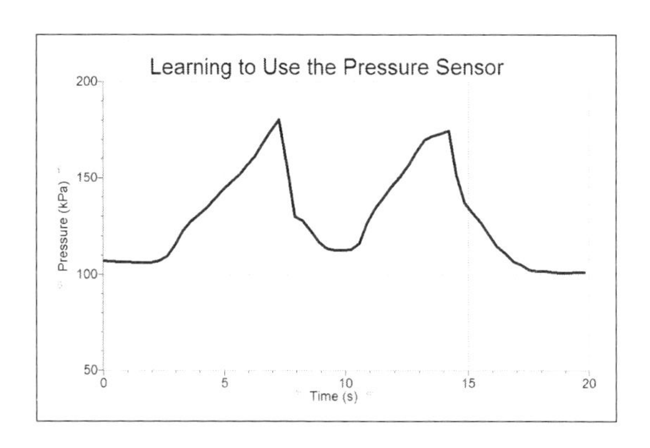

활동 2 보일의 법칙

(1) 기체의 부피를 변화시키면서 부피의 변화에 따른 압력을 측정해보자. ('엔트리 있는 이벤트' 모드 설정 후 사용)

(2) 주사기의 피스톤을 5 mL의 위치에 맞추고 압력을 측정하고, 피스톤을 1 mL씩 끌어당겨 부피를 증가시키면서 실험한다.

※ 부피를 측정할 때는 주사기 피스톤의 검은 굵은 부분의 앞쪽이 주사기의 눈금에 맞게 놓고 측정한다.

(3) 주사기의 피스톤을 15 mL의 위치에 맞추고 압력을 측정하고, 피스톤을 1 mL씩 줄여서 부피를 감소시키면서 실험한다.

(4) 부피 변화에 따른 기체의 압력 변화를 그래프로 그려보자.

활동 3 풍선의 압력 변화

(1) 풍선의 크기를 변화시키면서 풍선 내부의 압력 변화를 측정해보자.

활동 4 압력을 높여라

(1) 용기와 기체 압력 센서를 고무마개 등을 이용해서 연결한다.

(2) 용기의 부피, 온도, 기체의 양을 변화시키면서 가장 높은 압력을 만들어보자.

(3) 게임은 1분 동안 압력을 측정하여 가장 높은 압력을 만든 조가 이기게 되므로, 연습을 통해 가장 높은 압력을 낼 수 있는 방법을 조별로 고안한다.

※ 단, 조원의 신체 혹은 소지품을 이용하는 것은 좋지만 가열장치나 피스톤, 그 밖에 주어진 도구 외의 다른 도구는 사용할 수 없다.

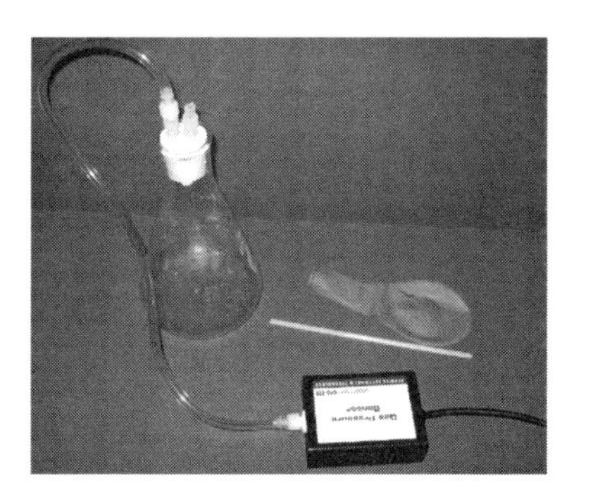

1. 기체의 부피와 압력의 관계를 분자 충돌 횟수와 관련하여 설명하시오.

2. 압력과 부피의 역수(1/V) 사이의 관계가 비례인지 반비례인지 알아보자.

3. 우리 주변에서 기체의 발생에 따른 압력을 측정하기 위한 실험 장치를 고안해보자.

15 탐구활동보고서

MBL을 활용한 과학활동(2) 압력 센서의 이용

탐구 일시	
학　　과	
학　　번	
이　　름	

활동 1 기체압력 센서로 알파벳 그리기

(1) 내가 만든 M자 모양을 출력해서 붙여보자.

(2) 기체 압력 센서를 이용해 알파벳 W자를 그리기 위한 실험을 설계하여 단계를 기록하라.

■ 알파벳 W자를 그리는 단계:

〈절취선〉

활동 2 보일의 법칙

(1) 측정된 압력과 부피를 아래 표에 적어보자.

부피(mL)	압력(kPa)	부피(mL)	압력(kPa)

(2) 위의 표의 압력과 부피의 관계를 그래프로 나타내어 보자.

(3) 이 실험은 기체의 부피와 압력의 관계를 알아보는 실험이다. 이 때 반드시 일정하게 유지시켜줘야 할 변인은 무엇인가?
(변인이란 실험에 영향을 주는 요소를 말하며, 이 실험에서 변하는 변인은 부피와 압력이다.)

활동 3 풍선의 압력 변화

(1) 풍선을 연결하고 부피를 감소시켜 압력을 측정하였다. 이 방법을 통해 부피가 감소할 때 풍선 내부의 압력은 어떻게 되는지 쓰시오.

활동 4 압력을 높여라.

(1) 조당 약 1분간의 압력을 연속적으로 측정하고 조의 최대 압력 값을 기록한다.

(2) 기체의 가장 높은 압력을 만들기 위한 창의적인 실험 설계

	실험설계	이 유
1		
2		
3		
4		

Experiment

부록

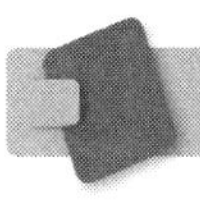

부록 1. 일반적인 실험 기구

화학 실험실에서 일반적으로 사용되는 기구는 유리나 플라스틱 재질로 만들어져 있다. 자외선을 사용하거나 또는 특별한 실험이 아닌 경우 일반적으로 보로실리케이트 재질의 유리 기구를 사용한다. 산, 알칼리, 가연성 물질, 독성 물질, 부식성 물질 등을 보관하는 병이나 용기를 운반할 때는 깨지거나 흘리지 않도록 보호 용기에 넣고 운반해야 한다. 플라스틱 용기도 오래되거나 열이나 압력에 의해서 깨지거나 금이 가서 샐 수 있다.

(1) 용기로 사용되는 실험기구

시험관(test tube)

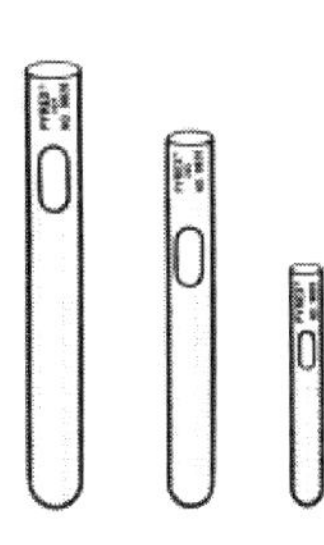

간단한 화학 반응을 시키는데 사용한다. 시험관은 파이렉스 또는 다른 내열유리로 만들어지고, 시험관의 규격은 보통 내경과 시험관의 길이로 표시된다. 액체나 고체를 담거나 가열하는데 사용되기도 한다.

비커(beaker)

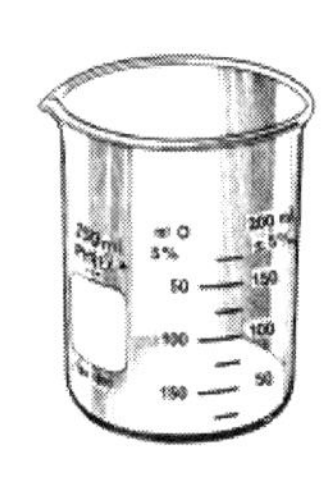

큰 단위의 화학 반응을 일으키는데 사용되고, 용액을 담그고, 액체를 가열하는데 사용된다. 비커 가장자리는 쉽게 따를 수 있게 한쪽 끝이 오목하게 되어있다.

플라스크(flask)

비커의 용도와 비슷하게 액체나 용액을 담거나, 용액들을 반응시키고 가열할 때 주로 사용된다. 그러나 비커와 달리 가장자리에 홈이 없어 액체를 다른 기구로 옮기기에는 적당하지 않다. 모양에 따라 둥근 플라스크, 삼각 플라스크 등으로 구분된다.

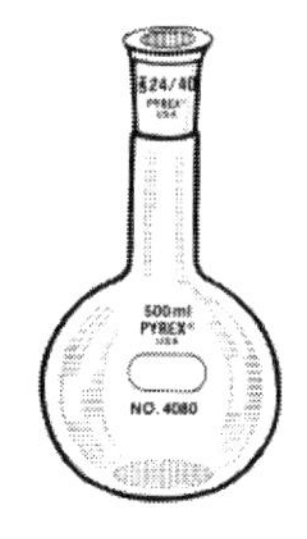

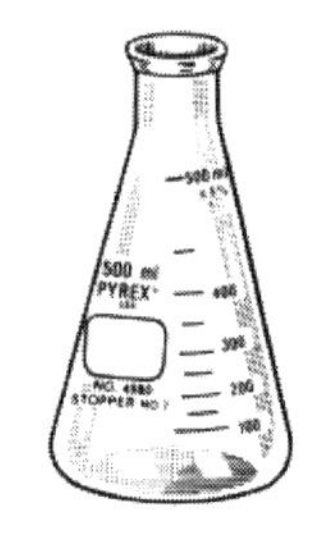

시약병(Reagent bottle)

액체나 고체 약품을 담는데 사용되는 병으로, 공장에서 판매할 때 가루 시약은 주로 플라스틱 병에 많이 담고, 액체 시약은 주로 유리병에 많이 담는다. 실험실에서 제조한 시약이나 약병에서 들어낸 약품을 담는 용기로 사용되는 유리 시약병은 공기가 통하지 않도록 유리 마개가 달려 있다. 햇빛을 받으면 분해하는 시약은 갈색병에 보관해야 한다. 시약병의 종류에 따라 지시약 등을 담아 두는 지시약병, 병의 입구가 넓은 광구시약병, 입구가 좁은 세구시약병 등으로 구분한다.

집기병(Gas collection bottle)

기체를 모으거나 저장하는데 사용된다. 시약병과 모양이 비슷하지만 보통 뚜껑이 없다. 기체를 모은 다음 입구를 막을 때는 보통 유리덮개를 이용하여 덮는다.

수조(pneumatic trough)

물을 넣거나 수상치환으로 기체를 포집할 때 사용한다. 유리와 플라스틱 재질이 있으며, 모양에 따라 원형과 사각 수조로 구분한다.

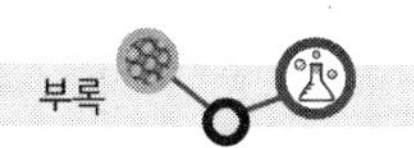

데시케이터(Desiccator)

고체 시약을 건조한 상태로 실온에서 보관할 때 사용한다. 건조제로는 액체인 진한 황산과 고체인 실리카겔이 있으며, 그 중 실리카겔이 많이 사용된다. 실리카겔을 오랫동안 사용하면 교체해야 하는데, 실리카겔의 교환 시기를 쉽게 알기 위하여 실리카겔에 염화코발트를 첨가하기도 한다. 염화코발트가 첨가된 실리카겔은 건조할 때는 푸른색이나 보라색 계통을 띠고 있으며, 수분을 많이 흡수하면 분홍색으로 변한다.

세척병(washing bottle)

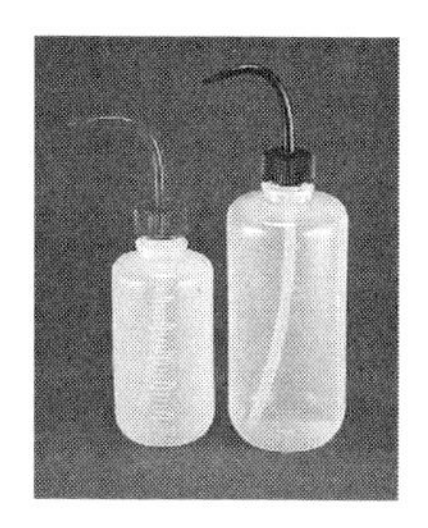

증류수나 아세톤, 알코올과 같은 용매를 담아 두었다가, 실험 기구를 세척하거나 헹굴 때 사용한다. 주로 폴리에틸렌 재질의 플라스틱으로 되어 있어 세척병을 누르면 세척병 속의 액체가 쉽게 뿜어져 나온다.

증류수통

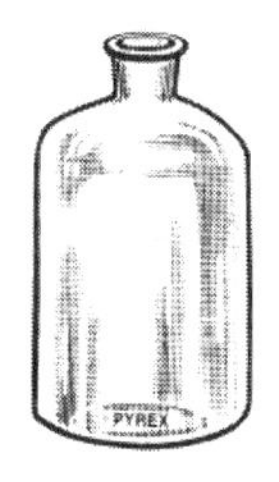

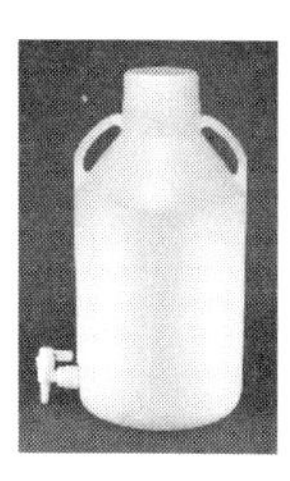

증류수를 대량으로 보관할 때 사용하는 통으로 유리 재질과 플라스틱 재질이 있다.

페트리 접시 (Petri dish)

페트리 접시는 샬레(Schale)라고도 하지만, 최근 페트리 접시로 통일하여 부르고 있다. 페트리 접시는 페트리라는 사람 이름에서 실험 기구 이름이 유래하고, 샬레는 독일어 Schale를 발음 그대로 표기한 이름이다. 생물 영역에서 배양 접시라고도 한다. 소량의 시약을 넣고 반응시키거나 세균 등을 배양하는 접시로 사용된다.

(2) 가열용 기구

증발접시(evaporating dish)

용액으로부터 물이나 용매를 증발시켜 고체 물질을 얻거나 농축시키는데 사용된다.

알코올램프(alcohol burner)**와 분젠버너**(Bunsen burner)

화학 실험에서 가장 많이 쓰는 열원이다. 알코올램프는 메탄올(methanol)을 연료로 사용하며, 분젠버너는 가스(프로판, 부탄)를 연료로 사용한다. 우리말로는 알코올램프라고 명명하지만 영어로는 알코올버너라는 표현이 더 일반적이다. 알코올램프를 사용할 때는 알코올의 양이 1/3~2/3 정도를 유지하도록 한다.

도가니(Crucible)

일반적으로 물체를 수백도 이상으로 가열하는데 사용되므로 재질은 도자기로 많이 만들어진다. 100°C 이상으로 가열하여야 떨어져 나오는 실리카겔 등에 흡착된 물을 제거하거나, 고체를 용융시키기 위하여 사용된다.

철망(Wire gauze)

버너의 불꽃이 비커와 플라스크에 직접 닿지 않도록 가열하는데 사용한다.

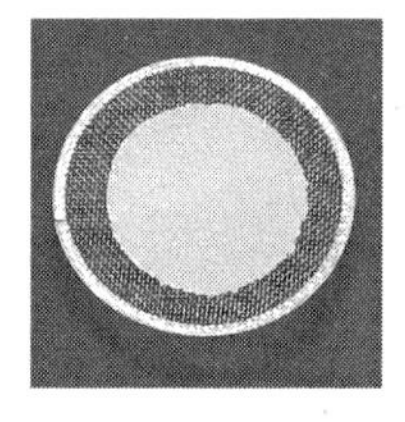

연소숟가락(Combustion spoon)

집기병 안에 있는 기체 속에서 연소시킬 소량의 물질을 담는데 사용된다. 이것은 보통 철로 만든다.

삼각 지지대(pipestem triangle)

가열할 도가니를 올려놓는데 사용한다.

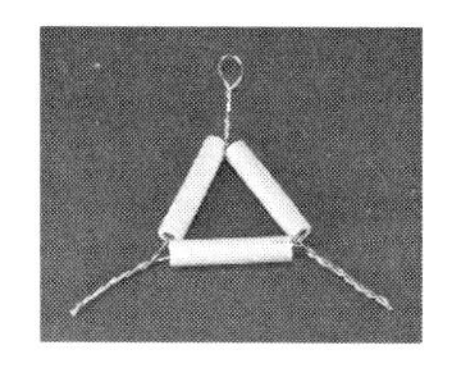

(3) 고정시키거나 지지하는 기구

스탠드(stand)

클램프 홀더를 이용하여 클램프를 설치하고 실험 기구를 올려놓거나 지지하는데 사용된다.

클램프(clamp)

클램프는 실험 기구를 잡아서 지지하는 기구로 클램프를 스탠드에 고정시키는 클램프 홀더와 함께 사용하기도 한다. 특히, 뷰렛을 고정시키는 클램프를 뷰렛 클램프라고 한다. 스탠드에 비커나 플라스크, 깔때기 등을 설치하는데 쓰이는 둥근 원 모양의 기구는 링(ring)이라고 한다.

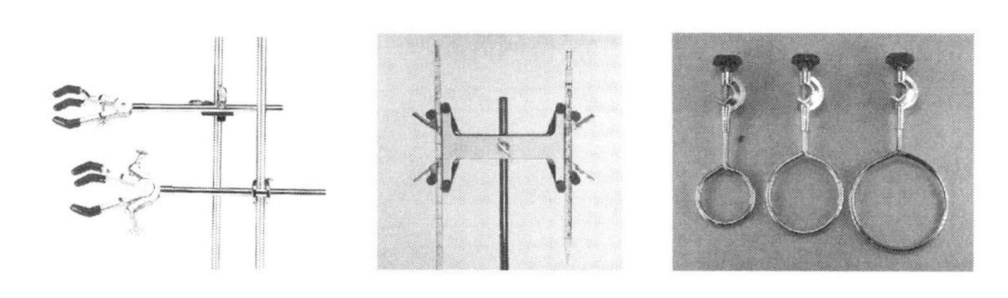

삼발이(tripod)

알코올램프로 가열하기 위하여 비커나 삼각 플라스크를 올려놓는 기구로 최근에는 알코올램프를 쉽게 꺼내고, 높이를 조절할 수 있도록 개선된 기구도 나왔다.

시험관 집게(test tube holder)

가열하는 시험관을 잡는데 사용하며, 철 또는 나무로 된 재질이 있다.

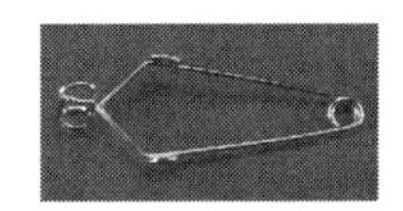

시험관대(test tube rack)

시험관을 꽂아 두는데 사용한다.

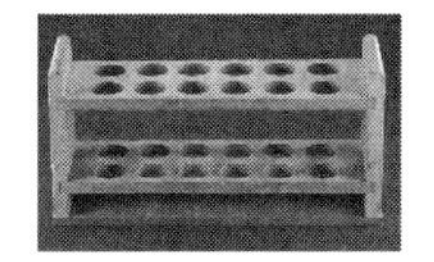

도가니 집게(crucible tong)

뜨거운 도가니와 증발접시를 집는데 쓰인다. 비커나 플라스크를 잡을 때도 사용할 수 있다.

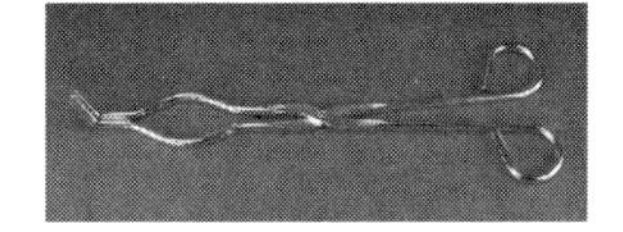

(4) 측정과 관련된 기구

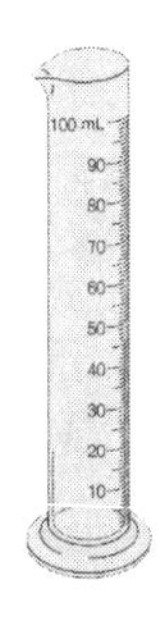

약숟가락(measuring spoon)

시약병으로부터 일정량의 고체 시약을 덜어내는데 쓰인다.

눈금실린더(graduated cylinder)

액체의 부피를 측정하는데 쓰인다.

뷰렛(burette)**과 피펫**(pipette)

뷰렛은 산염기 중화적성에서 산 또는 염기 용액을 조금씩 떨어뜨리면서 첨가된 부피를 정확하게 측정하기 위한 기구이며, 피펫은 일정한 양의 액체나 용액을 덜어내거나 가해주는데 사용되는 기구이다. 두 기구 모두 액체의 부피를 정확하게 측정하는 것을 중요한 목적으로 한다.

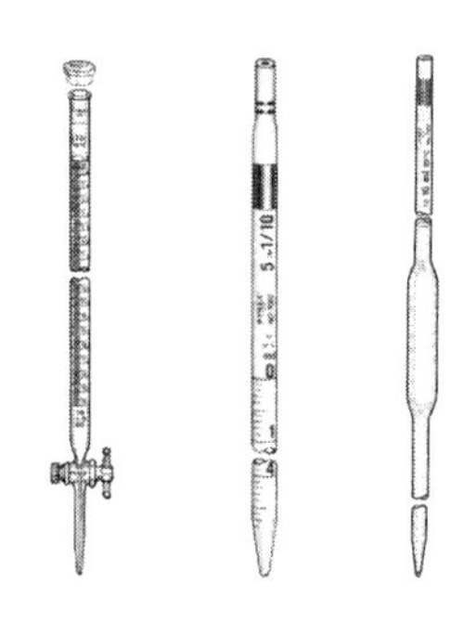

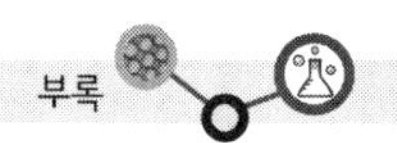

스포이트(medicine dropper)

적은 양의 액체나 용액을 가해주는데 쓰이는 것으로 눈금이 매겨져 있는 눈금 스포이트가 있지만 액체의 부피를 정확하게 측정하는 용도로는 거의 사용되지 않는다.

저울(balance)

실험에서 물질의 질량을 측정하는데 쓰인다. 보통 분동을 올려놓고 질량을 측정하는 윗접시 저울, 0.1mg 정도로 정밀한 질량을 측정하는 화학 저울 또는 분석저울이 있다. 일반적으로 디지털로 눈금을 읽게 만든 저울을 전자저울이라고 한다.

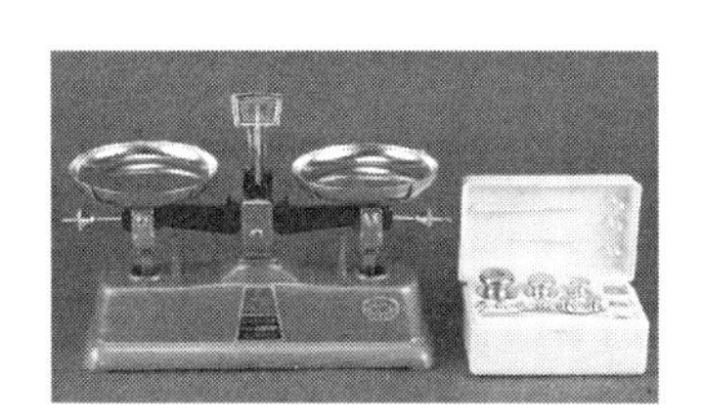

온도계(Thermometer)

온도를 측정하는 기구이다. 온도에 따른 액체의 부피 변화를 이용하는 수은 온도계, 알코올 온도계가 있고, 온도에 따른 전기 저항의 변화를 이용하는 백금 온도계 등이 있다.

(5) 기타 기구

막자와 막자사발(mortar and pestle)

고체를 갈아 고운 가루로 만드는데 사용된다. 유리, 도자기, 금속 등의 재질 중 도자기가 가장 흔하다.

유리관(glass tube)

유리관을 적당한 형태로 구부려서 코르크나 고무마개에 끼워 한 기구로부터 다른 기구로 액체나 기체를 운반할 수 있다. 이러한 관들을 유도관(delivery tube)이라 한다. 유리관을 자르기 위해 관 둘레의 삼분의 일 정도를 유리칼이나 줄로 홈을 긋고 홈으로 부터 2~3 cm 되는 위치에 양손 엄지손가락을 대고 유리관을 잡은 상태에서 밖으로 밀어내듯이 힘을 가하면서 유리관을 잡아당겨 자른다. 모든 유리관이나 유리 막대는 사용하기 전에 불로 끝을 무디게 해 줘야 한다. 새로 자른 유리관의 끝은 매우 날카로워 마개나 고무관에 삽입할 때 상처를 낼 수 있다.

깔때기(Funnel)

주둥이가 작은 용기에 액체를 넣을 때나 용액을 거를 때 쓰이는 일반적인 깔때기와, 용매를 이용하여 어떤 물질을 추출하여 분리할 때 사용하는 분별깔때기 또는 분액깔때기가 있다.

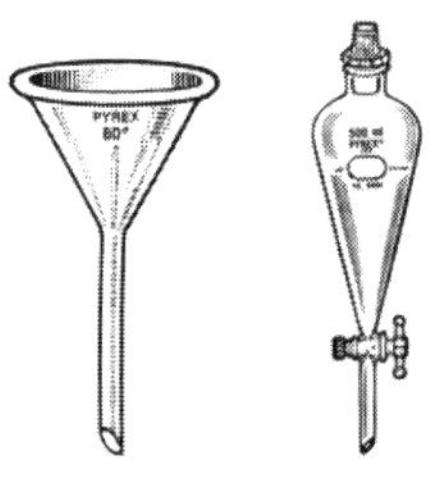

자외선램프

자외선램프를 사용할 때는 복사선 자체의 위험과 램프의 작동에 관련된 위험이 존재한다. 파장이 250 nm 보다 짧은 복사선은 위험한 것으로 간주된다. 이러한 파장 영역에서 실험을 하는 경우에는 자외선을 흡수할 수 있는 보안경을 반드시 착용해야 하고 복사선을 밀폐된 상자 안에 가두고 실험하는 것이 바람직하다. 수은 램프를 다룰 때는 램프 표면에 이물질 등이 묻지 않도록 조심스럽게 다루고 과열되어 깨지는 일이 없도록 주의한다.

레이저

레이저는 출력 세기 및 그 위험도에 따라 I–IV Class로 분류된다. Class I 레이저는 저출력 레이저로 별로 위험하지 않지만 Class IV 레이저는 고출력 레이저로 위험도가 매우 높고 특히 눈을 손상시킬 수 있다. 별도로 훈련된 사람만 레이저를 작동하도록 하고 레이저 실험실에는 경고 표시를 하여야 한다.

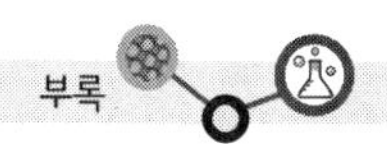

생각해 보기

1. 과학 실험 활동은 과학실에서만 이루어지는 것이 아니다. 일상생활 속에서도 여러 가지 형태의 탐구 활동이 이루어진다. 가정에서 실험 활동을 하려고 할 때, 실험실에서 사용되는 실험 기구를 대체할 수 있는 물건을 찾아보자.

2. 알코올램프를 사용할 때는 알코올의 양이 1/3~2/3 정도를 유지하도록 한다. 만약 알코올의 양이 1/3보다 작거나 2/3보다 크면 어떤 안전사고가 발생하기 쉬운가?

3. 다음 실험기구명에 대하여 교사나 학생이 가장 많이 오기하는 표현이 무엇인지 조사하라.
   (1) 비커
   (2) 스포이트
   (3) 삼각 플라스크
   (4) 약숟가락
   (5) 윗접시 저울
   (6) 알코올 램프
   (7) 깔때기
   (8) 페트리 접시
   (9) 막자와 막자사발
   (10) 눈금실린더

4. 다음 실험기구의 주요한 용도는?
   (1) 비커
   (2) 스포이트
   (3) 피펫
   (4) 약숟가락
   (5) 윗접시 저울
   (6) 눈금실린더
   (7) 증발접시
   (8) 페트리 접시
   (9) 막자와 막자사발
   (10) 클램프

5. 비커로 액체의 부피를 측정하는 경우의 문제점이 무엇이겠는가? 눈금실린더 또는 피펫과 비교하여 설명하라.

6. 실험 기구 중에는 유리로 된 재질이 많다. 유리의 성질에 대하여 조사하고, 이를 토대로 유리 기구를 다룰 때 주의할 점에 대하여 토의해 보자.

부록 2. 화학 실험의 안전

[실험실 안전 수칙]

(실험실부착용)

1. 실험실내에서는 잡담을 하거나 장난을 쳐서는 안 된다.
2. 모든 실험은 지도교사의 지시에 따라 해야 하며 무리한 실험을 하지 않는다.
3. 화학 물질을 맛보는 것은 절대 금한다.
4. 실험대주변은 정리정돈을 철저히 한다.
5. 젖은 손으로 전기기기 및 전기배선에 접촉하지 않는다.
6. 냄새를 맡을 때에는 팔 거리 정도의 거리에서 손으로 부채질하여 냄새를 맡아야 한다. 절대로 직접 시험관 입구나 시약병 입구에 얼굴을 대어서 냄새를 맡지 말아야 한다.
7. 가열장치를 사용 중에는 절대로 실험대를 떠나지 말아야 한다.
8. 어떤 물질이던지 완전히 밀폐된 용기에 넣고 가열해서는 안된다.
9. 실습실에서는 가능한 한 실험복, 보안경, 마스크 등 안전장구를 착용하도록 한다.
10. 특별한 경우를 제외하고는 쓰다 남은 시약은 본래 시약병에 다시 담지 않는다.
11. 시약병을 실험실내에서 들고 다니지 않고 시약병이 비치된 실험대에 가서 적당량을 받아 써야 한다.
12. 산이나 알칼리에 의해 화상을 입었을 때는 즉시 그 부위를 수돗물로 씻은 후, 교사에게 보고하도록 한다.
13. 사용하는 화학약품의 위험성 및 물리화학적 성질(부식성, 가연성, 반응성, 독성 등)을 충분히 숙지하도록 한다.
14. 화재가 발생했을 때는 침착하게 학생들을 대피시키고 인화성인 물질을 먼 곳으로 옮긴 후 소화기를 써서 불을 꺼야 한다.
15. 실험기기의 작업 및 조작은 지정된 순서를 정확히 따라야 한다.
16. 산을 묽힐 때 진한 산에 물을 부어서는 안 된다. 물에 산을 천천히 저어주며 넣어야 한다.

1. 화학약품 취급시의 주의사항

실험실에서는 많은 종류의 약품들을 사용하게 되고 해로운 약품에 노출되는 경우가 많다. 약품가루나 증기를 들이마실 수 있으며 휘발성 용매를 다룰 때는 특히 주의해야 한다. 약품 냄새가 많이 나는 경우 해로울 수 있다. 고체나 액체 상태의 약품이 입으로 들어갈 수 있는데 손이나 얼굴에 묻은 약품은 실험 후 음식물을 섭취하는 과정에서 몸 안으로 함께 들어갈 수도 있다. 깨진 비커나 플라스크, 피펫 등으로 상처가 날 수 있으며 이 경우 약품이 몸속으로 흡수될 수도 있다. 유리관이나 온도계를 고무마개에 끼울 때 특히 조심하여야 한다. 피부를 통하여 약품이 흡수될 수 있는데 맨손으로는 어떤 약품도 만지지 말아야 한다.

(1) 손과 얼굴을 깨끗하게 하며 피부에 화학약품이 묻으면 물과 비누로 잘 씻는다. 또한 실험실을 떠날 때는 반드시 손과 얼굴을 씻도록 한다.
(2) 대부분의 화학약품은 어느 정도 위험할 수 있다는 것을 항상 인식하고, 피부뿐만 아니라 옷, 신발 등에도 화학약품이 묻지 않도록 한다.
(3) 화학약품의 냄새를 직접 맡거나 맛을 보는 등의 행동을 하지 말아야 한다.
(4) 다음과 같은 화학약품은 반드시 후드 안에서 다루도록 한다.
플루오르, 포스겐, 수산화암모늄, 요오드산, 무수암모니아, 브롬산, 염산, 황화수소, 클로로포름, 이산화황 등
(5) 화학약품을 섭취한 경우 의료진이 올 때가지 가능한 많은 양의 물을 마시도록 한다.
(6) 화재의 위험성이 없고 특별히 휘발성, 독성이 없는 약품이면 감독관의 지시에 따라 바로 청소한다.
(7) 휘발성, 가연성, 독성이 있는 물질이 엎질러진 경우에는 바로 모든 사람에게 주의시키고, 불꽃과 스파크를 일으킬 수 있는 모터 등의 장치를 모두 끈다. 오염된 공기가 정화될 때까지 실험실로부터 대피한다.
(8) 수은을 쏟은 경우 끝이 뾰족한 유리관으로 진공을 이용하여 회수한다. 가정용 진공청소기는 수은을 작은 방울로 분무시켜 오염을 더 심각하게 하므로 사용해서는 안 된다.

2. 안전을 위한 기구 및 설비

(1) 응급치료 장비

응급치료를 위한 장치와 응급치료를 할 수 있는 사람이 실험실에 있는 것이 좋다. 그리고 반드시 응급처지 직후 가까운 병원에서 면밀한 검사와 처방을 받아야 한다.

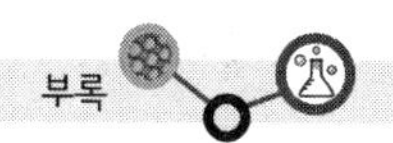

(2) 보호의류

실험복, 앞치마, 실험장갑 등이 있다. 실험복은 하체까지 충분히 덮을 수 있어야 하고, 실험장갑은 목이 긴 것을 사용한다.

(3) 후드

가연성이나 독성의 기체, 냄새가 심하게 나는 경우 반드시 후드 안에서 실험을 하도록 한다. 후드를 사용하기 전 후드가 잘 작동하고 있는지 확인한다. 길고 가느다란 종이를 사용하여 공기를 잘 빨아들이고 있는지 지속적으로 확인하는 것이 가능하다. 과도한 소용돌이를 만들지 않으면서 적절한 공기의 흐름을 유지하는 것이 필요하고 후드의 새시 문은 최소한으로 열어둔다. 실험기구는 가급적 후드의 안쪽으로 설치하고 후드의 전면부로부터 최소한 15 cm 이상 떨어진 상태에서 실험을 수행한다. 후드는 화학약품을 폐기하거나 보관하는 곳이 아니다. 화학약품을 후드 안에 보관하는 경우 후드의 효과적인 작동을 방해하고 사고나 화재의 위험을 높일 수 있다.

(4) 싱크

실험실 싱크의 배수관은 화학약품으로 인한 오염이 발생하지 않도록 일반 가정용 싱크의 배수관과 달라야 한다.

(5) 안전샤워

의도적으로 잠그기 전에는 항상 열려있어 언제든지 필요에 의해 쓸 수 있어야 한다. 그리고 여기서 나오는 물은 식수 정도의 양질의 물이어야 하며 물이 나오는 속도와 그 양은 충분하여 빨리 잘 나오는 것이어야 한다.

(6) 공기마스크

(7) 약품 보관실

(8) 폐기물 처리

화학약품은 적절하고 적법한 방법으로 폐기한다. 일반적으로 물에 녹는 중성 폐기물은 많은 양의 물과 함께 하수구로 흘려보내고, 산성이나 염기성 폐기물은 중성으로 중화한 후 같은 방법으로 하수구를 통해 폐기할 수도 있다. 실험실에서의 화학약품의 폐기처리와 재생은 반드시 알려져 있는 적합한 방법으로 조심스럽게 해야 한다.

(9) 전기기구

전기는 매우 낮은 전류와 전압에서도 치명적인 손상을 받을 수 있다. 24V 정도의 낮은 DC 전압은 약간의 화상을 입힐 수는 있지만 그렇게 위험하지는 않다. 그러나 비슷한 정도의 AC 전압은 치명적일 수도 있다. 전기적 위험을 최소화하기 위해 다음의 사항을 준수해야 한다.

- 전기 기구는 잘 훈련된 전문가만이 다루도록 하여야 한다.
- 전선을 지지 용도로 사용하거나 잡아당기지 않는다.
- 작동 불량이나 과열되는 경우는 사용하지 말고 관리자에게 알린다.
- 모든 전기 기구는 주기적으로 상태를 점검하여야 한다.
- 특정의 전열기, 오실로스코프를 제외하고는 접지선이 있는 삼구 플러그를 사용하도록 한다. 가연성 용매나 약품을 취급하는 곳에서는 용기나 장비들을 적절하게 접지시킴으로서 정전기나 스파크를 방지할 수 있다.

3. 눈의 보호

눈을 보호할 수 있는 안전장구를 착용한다. 콘택트렌즈는 안경으로 대치하고 안경 위에도 착용할 수 있는 보안경을 준비한다. 콘택트렌즈는 용매 증기를 흡착할 수 있고 콘택트렌즈를 착용한 상태에서는 렌즈와 각막사이에 화학 약품이 들어갈 수 있다.

(1) 실험실에서는 어떠한 경우라도 항상 보안경을 착용해야 한다. 일반적으로 보안경은 플라스틱 재질로 되어있다. 한편 실험실에서는 콘택트렌즈는 사용하지 않도록 한다.

(2) 화학물질이 튀는 경우나 가루 입자들이 날아올 가능성이 있는 경우에는 보다 완벽하게 눈 주위를 가릴 수 있는 보안경이 필요하다.

(3) 화학물질이 눈으로 튀게 되면 즉시 깨끗한 물로 눈을 10~15분 정도 계속해서 씻어낸다. 이때 눈을 크게 뜨고 손으로 눈꺼풀을 잡은 채 깨끗한 물이 눈 안을

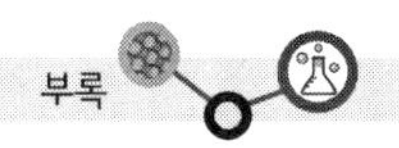

씻어낼 수 있도록 한다. 응급조치 후 즉시 병원에 찾아가 안과 전문의에게 치료를 받도록 한다.

(4) 자외선, 레이저광 등을 다루는 실험에서는 목적에 맞는 보안경을 착용해야 한다.

4. 기구 조립시의 주의사항

기구의 조립을 쉽고 안전하게 하기 위하여 다음의 사항들을 유념한다.

(1) 작업 공간을 잘 정리한다.

(2) 깨끗하고 잘 건조된 기구를 사용하고 실험대에 단단하게 고정시킨다. 실험 수행에 적절한 용량의 기구를 선택한다. 최소 20% 정도 여분의 공간을 남겨두어야 한다.

(3) 금이 가거나 흠이 있거나 전선이 풀려 있는 장비 등은 사용하지 않는다. 유리 기구는 편광을 사용하여 변형을 조사할 수 있다. 유리 기구에 아주 사소한 흠이나 금이 있을 경우 사용하지 말고 수리하거나 폐기해야 한다.

(4) 반응 용기나 유리 용기 아래에 평평한 팬을 놓아 유리 용기가 깨졌을 때 액체가 엎질러지는 것에 대비한다.

(5) 인화성 기체나 액체를 다룰 때는 주위에 버너나 발화장치가 없도록 한다. 트랩, 콘덴서, 집진기 등을 사용하여 대기 중으로 화학약품의 배출을 최소화한다. 가열기를 사용하는 경우는 약품의 자연 발화 온도보다 낮은 온도로 사용하여야 하고, 주변에 스파크를 발생하는 장비가 없도록 하여야 한다.

(6) 분별깔때기는 콕이 헐거워지지 않도록 잘 지지되고 적절하게 위치시켜야 한다. 유리 콕에는 그리스 등의 윤활제를 사용할 수 있지만 테플론 콕에는 윤활제를 사용하지 않는다.

(7) 콘덴서는 클램프로 안전하게 고정시키고, 냉각수 호스도 빠지지 않도록 와이어나 클램프로 단단히 고정시킨다.

(8) 젓개 모터와 반응용기는 잘 정렬이 되어야하고 마그네틱 젓개를 사용하는 것이 좋다. 모터는 공기 모터 등 스파크가 생기지 않는 모터를 사용하여야 한다.

(9) 링스탠드를 사용할 때는 기구의 무게중심이 가운데 오도록 위치하고, 무거운 기구는 실험대 위에 단단히 고정하고 격자 선반은 위와 아래를 모두 고정한다.

(10) 장치, 기구, 시약병 등을 바닥에 놓지 않는다.

(11) 밀폐된 용기를 가열해서는 안 되고 액체를 가열할 때는 비등석을 사용한다.

(12) 반응에서 유독성 기체가 발생할 경우는 적절한 기체 트랩을 사용하고 후드 안에서 반응이 일어나도록 한다.

(13) 유독성 기체나 가연성 기체가 발생하는 실험은 후드 안에서 수행한다. 대부분의 증기는 공기보다 밀도가 커서 바닥으로 내려가고 확산되어 멀리 있는 버너나 발화장치까지 도달할 위험이 있다.

(14) 감압 장치의 경우도 후드 안에서 사용하도록 한다. 후드가 없을 경우 가리개를 세우는 것이 좋다. 후드나 가리개를 설치한 경우도 눈과 얼굴 보호 장비를 적절하게 사용하여야 한다.

✥ 참고 문헌

- 강순희외 저(2008). 일반화학 탐구실험. 북스힐.
- 공영태외 저(2009). 초등화학 교재연구. 피오디월드.
- 곽상원(2008). 신나는 과학 교사 한마당 자료집 원고.
- 김희준(2010). 일반화학실험. 자유아카데미.
- 마티무어외 저(2008). MBL 초등학교실험서. 버니어코리아.
- 신나는 과학을 만드는 사람들(2003). 여학생 친화적 과학 활동 자료. 날씬한 새우깡.
- 알트라이트 http://www.forensic.co.kr
- 양현우(2004). 서울시 중등 과학교사 원격 원수 실험 자료집 원고.
- 이익모외 저(2008). 생활 속에 숨겨진 화학의 이해. 사이플러스.
- 전화영의 Life & Cool Science. http://blog.naver.com/chemijhy
- 조리에 대한 거의 모든 것의 과학(1994).
- 화학교재편찬위원회 역(2003). 화학과 생활. 북스힐.
- Ben, Selinger 저. 화학교재편찬위원회 역(2001). 생활 속의 화학. 도서출판 한승.
- CSI에 드러난 과학 수사 기법 소개: http://kr.blog.yahoo.com/altlight
- http://mnb.mt.co.kr/mnbview.php?no=2010092719163717129
- http://newsmaker.khan.co.kr/khnm.html?mode=view&artid=12975&code=115
- http://weekly.hankooki.com/lpage/goodlife/201010/wk20101005154002104970.htm
- http://www.insightofgscaltex.com/insighter/insighter_list.asp??BoardNo=325
- Kotz외 2인(2007). Chemistry & Chemical reactivity, 6th ed.
- OMSI(2007). No Hassle Messy SCIENCE WITH A WOW: Chemistry in the K-8 classroom.

생활속의 화학탐구

인쇄 | 2020년 02월 05일
발행 | 2020년 02월 10일

대표저자 | 여 상 인
지은이 | 강태종 · 강훈식 · 권혁순 · 박종석 · 박종욱 · 송화경
양효경 · 윤희숙 · 이대형 · 임희준 · 전화영 · 최원호

펴낸이 | 조 승 식
펴낸곳 | (주)도서출판 북스힐

등 록 | 1998년 7월 28일 제22-457호
주 소 | 서울시 강북구 한천로 153길 17
전 화 | (02) 994-0071
팩 스 | (02) 994-0073

홈페이지 | www.bookshill.com
이메일 | bookshill@bookshill.com

정가 12,000원

ISBN 978-89-5526-763-1

Published by bookshill, Inc. Printed in Korea.